客家民居瑰宝

中西合璧的大埔肇庆堂

第八批全国重点文物保护单位

杨晓川　李彬彬　著

华南理工大学出版社
·广州·

图书在版编目（CIP）数据

客家民居瑰宝：中西合璧的大埔肇庆堂 / 杨晓川，李彬彬著.
广州：华南理工大学出版社，2025.7. --ISBN 978-7-5623-8076-4

Ⅰ．TU241.5

中国国家版本馆 CIP 数据核字第 20251Y3C31 号

Kejia Minju Guibao: Zhongxi Hebi De Dabu Zhaoqingtang

客家民居瑰宝：中西合璧的大埔肇庆堂

杨晓川　李彬彬　著

出 版 人：房俊东

出版发行：华南理工大学出版社
（广州五山华南理工大学 17 号楼，邮编 510640）
http://hg.cb.scut.edu.cn　E-mail：scutc13@scut.edu.cn
营销部电话：020-87113487　87111048（传真）

策划编辑：骆　婷　何臻卓
责任编辑：骆　婷　何臻卓
责任校对：梁晓艾
印 刷 者：广州一龙印刷有限公司
开　　本：889mm×1194mm　1/16　印张：17.25　字数：279 千
版　　次：2025 年 7 月第 1 版　印次：2025 年 7 月第 1 次印刷
定　　价：288.00 元

版权所有　盗版必究　　印装差错　负责调换

编辑委员会

撰稿、组织：

杨晓川　李彬彬

测　绘：

● 2009年（参与的研究生）
李彬彬　李宝华　陈夯文　仝彦茗
韦锡艳　张庆锋

● 2024年（参与的研究生）
赵　哲　胡枢华　夏　蕾　陈玉庆
华宏健　黄展章　刘恁栋　利紫晴
郁　琳　杨述迩　张雨思

背景、图文资料整理：

赵　哲（第一、二章）
胡枢华（第六章）
夏　蕾（第七章）

摄　影（除注明外）：

杨晓川

无人机摄影：

李彬彬　罗晓琪

封面插画：

杨婷玮（肇庆堂第六代）

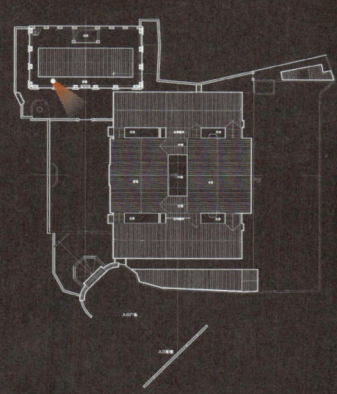

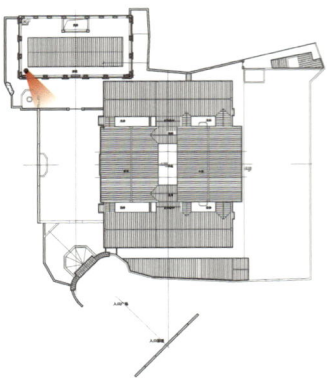

(杨慧超摄于2002年,农田现已改为停车场)

肇慶堂

序一

  2008年9月4日上午，华南理工大学建筑设计院的青年建筑师杨晓川前来找我。杨晓川，我早闻其名，1998年他获中国青年建筑师最高荣誉奖——第四届中国建筑学会青年建筑师奖，是我们华南理工大学建筑学院的青年才俊。不过这一次找我，不是为建筑设计，而是为杨氏家族的祖屋肇庆堂而来。他带来了一本肇庆堂照片集。肇庆堂在梅州大埔百侯镇，建于1914—1917年，是近代客家民居的杰作。当他介绍肇庆堂是由一个传统的堂横屋与一个西洋楼组合而成的客家民居组群时，我立即意识到：这是近代中西合璧的创新之作，可以申报为国家重点文物保护单位。

  由于杨晓川对传统建筑文化和家乡的热爱，加上华南理工大学著名的古建筑学家龙庆忠教授培养了陆元鼎、邓其生等一批古建筑和传统民居的研究和保护的专家，这些专家又带出了一批博士，曹劲博士即为其中一个，她帮助肇庆堂申报为省级保护文物。经过梅州市政府、大埔地方政府和杨氏家族，以及杨晓川、李彬彬所带领的肇庆堂研究团队的共同努力，肇庆堂于2019年被公布为全国重点文物保护单位。

  2025年1月20日，杨晓川教授级高工带着《客家民居瑰宝——中西合璧的大埔肇庆堂》书稿前来找我，希望我能为该书写个序。我看完书稿后，发现杨工对传统民居研究已由门外走入门内，而且逐渐成为有见解的专家。

  3月4日，杨工带来了经修改补充后的书稿，我仔细审阅后认为这本《客家民居瑰宝——中西合璧的大埔肇庆堂》书稿有如下特色：

  一、对肇庆堂杨氏家族的历史和文化有较详细的研究，这是极为重要的内容。

  二、肇庆堂是客家民居堂横屋与西洋楼的中西合璧的组合，在中国民居史上可谓独树一帜。

三、作为客家民居的肇庆堂，其建筑木构技术和木雕、彩画、灰塑、嵌瓷等装饰艺术都运用了潮州甚至闽南的相关的技艺，体现了客家建筑文化与潮州建筑文化，甚至是闽南建筑文化的交流与融合。

四、本书由于涉及潮州、闽南、台湾的建筑技艺和手法，书中对建筑构件在潮州、闽南、台湾的不同名称，以图示的方法做了一番梳理，为后来的研究者提供了便利，这是本书一大贡献。

五、本书的建筑照片有超乎寻常的精度，是高水平的建筑艺术照片，使肇庆堂的建筑装饰艺术可以得到全面的反映，令人赞不绝口。建筑照片之精美，是本书一大特色。

六、杨晓川作为建筑设计的才俊，分析肇庆堂的设计构思，有过人之处，这也是本书的特色。

七、本书是全国重点文物保护单位肇庆堂的重要档案，肇庆堂每一部位的门窗、墙、壁、梁架、艺术构件都有相应的照片，都有相应的平面位置，相应的文字说明。这样认真、细致的文物档案，堪为典范。

八、杨晓川、李彬彬带领的团队经多年的努力所提交的这一部书稿，是令人赞赏的佳作。

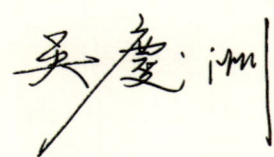

中国建筑学会建筑史学分会原副会长
中国圆明园学会园林古建分会名誉会长
华南理工大学建筑学院二级教授、博士生导师

序二

1964年，伯纳德·鲁道夫斯基（Bernard Rudofsky）在《没有建筑师的建筑》中，呼吁关注那些乡土的、自发的、无名的、土著的"非正统建筑"，让我们认识到这种"乡土建筑的自我建造"过程中密切关联着自然环境、历史文脉和人文精神，展示了一个更加广阔的建筑学视野。

肇庆堂就是这样一处极具魅力的乡土建筑遗产。

晓川兄是一位优秀的建筑师，也是我的大学同学。前些日他郑重约我，带来一册《客家民居瑰宝——中西合璧的大埔肇庆堂》，嘱我作序，牵出一段往事。2008年的一天，晓川匆匆找来，介绍自己的家族在梅州乡下有一处祖宅，是如何的精美气派，又是多么缺乏保护。我翻阅着他拍摄的肇庆堂照片，大感震撼，十分惊喜，于是我们商议为肇庆堂启动申报高级别的文物保护身份。2009年，肇庆堂成为广东省文物保护单位；2019年，被公布为全国重点文物保护单位。

梅州市大埔县百侯镇是中国历史文化名镇，保存完好的明清至民国时期的府第大宅超过百座。在这鳞次栉比的古建筑群中，肇庆堂无疑是极具代表性的佼佼者。

肇庆堂的主座是一组岭南传统民居建筑，平面布局是典型的客家围屋，但装修装饰体现出鲜明的潮汕建筑风格。据说，当年杨氏家族在潮经商，财力雄厚，建造时遍请客籍、潮籍名匠。如今，当我们看到那梁架上栩栩如生的木雕、描摹入微的彩画、屋顶上五彩斑斓的嵌瓷，无不为之折服，惊叹巧夺天工。

附楼是一座具有浓郁南洋风格的西式洋楼。大埔是著名侨乡，当时出洋谋生又荣归故里的乡亲带回来流行的现代样式，这是独属于那个年代的时尚，富有家族争相模仿以彰显实力。这幢洋楼有着"券廊式建筑"标志性的宽大外廊和连续拱券，装饰部分采用本土技法，灰塑和彩绘也同样精湛，有趣的是其中出现了电话、洋楼和火车等画面，那是彼时最先进的时代气息。

  两座建筑，一中一西，相映生辉。这是百年前西风东渐的特定历史时期里，中西建筑文化及客家与潮汕传统建筑风格的完美融合。可以想见当年的杨氏族人斥巨资起屋，在遵循祖制和拿来主义之间，他们创造出了属于自己的建造语汇。这座"没有建筑师的建筑"，它根植于地域，充满创造力，有一种生机勃勃之美。

  古宅兴衰的背后，是家族命运的变迁。晓川作为杨氏后人，怀着赤子之心，一直在为肇庆堂奔走。近二十年间，他一次次回到大埔，带着学生们测绘、摄影，做家族长辈的口述史记录，要将关于肇庆堂的信息和记忆保留下来。如今史实记录结集出版，让更多的人可以感受这座建筑的独特魅力，也为开展深入的学术研究提供了珍贵的第一手资料。

  愿老屋安好，乡愁永续。

广东省文物考古研究院院长
中国古迹保护协会常务理事
广东省古迹保护协会理事长

序三

收到好友杨晓川发来的他与李彬彬合著的《客家民居瑰宝——中西合璧的大埔肇庆堂》书稿时，恰是岭南木棉花开的时节。那些有关他祖居的精美照片与测绘图纸，仿佛斑驳的砖石穿越百年时光，在我眼前垒砌了一座精神的原乡。

作为大学同窗和舍友，我始终记得晓川在图板上专注的模样。求学时他以大刀阔斧的现代建筑创作享誉我辈同学，但阴差阳错地他也是为数不多参与测绘沙面租界西洋建筑和汕尾红场传统建筑的同学之一。相信从那时开始，他的脑海中就埋下了眷顾建筑遗产的种子，而今终于在肇庆堂的笔墨中绽放出最璀璨的花朵。

大约在15年前，晓川告知他在梅州市大埔县百侯镇的祖屋肇庆堂正面临缺乏保护的困境，并且他已完成了这一处精美民居建筑群的基础调研工作。至今我仍清晰地记得，晓川捧着那本他亲手摄影、制作的图册向我描述肇庆堂的场景，既兴奋于祖屋工匠技艺的高超，又焦虑于其年久失修的状况，而我也为肇庆堂中西合璧的建筑形象、精美装饰与巧妙构造所震撼！晓川积极地推动这一客家建筑瑰宝的文物认定工作，并开始了长期的研究工作。他带领多位学生开展各类专题研究，从专业角度解读肇庆堂的营造智慧。近期他还拓展研究视角，将祖居所在的百侯镇、大埔县，乃至梅州地区客家民居纳入研究视野，探索保护之道。

今天，这部凝聚十余年心血的著作即将付梓。这既是一位建筑学者对祖屋的深情凝视，更是杨氏家族营造的微观叙事。两位作者以庖丁解牛般的专业笔触，对这座民国初期落成的客家民居进行了深描。书中用图绝大部分由晓川亲自拍摄并演绎，帧帧精美，完整地展现了这一重要文化遗产的全貌与细节。更为重要的是，作者以名录的形式，将建筑细部照片与所在的空间位置一一对应，大大提升了研究的资料性。显然，这是基于保护修缮目的的原始资料记录，隐含了作者对遗产真实性、完整性保护的科学态度。秉持知行合一的态度，作者还设有专门章节讨论肇庆堂的保护与发展，这印证了我对晓川隐含意图的揣测，即研究为保护服务。作者仔细地梳理了建筑病害情况，并就未来保护利用的技术策略、方法路径等进行了探讨。其体例结构、内容细节堪称建筑遗产个案研究的范本！

在我看来，在保护肇庆堂这件事上，晓川肩负着家族使命，在某种程度上甚至是历史宿命。作为肇庆堂第五代传人之一，晓川非梅州客家原乡生养，他甚至不会说客家话。然而，接受过专业建筑教育的他在而立之年投入到祖宅的保护中，实则延续了家族营造的历史，完成了他自身对肇庆堂的回归。

最后，谨以此序，致敬所有在时光长河里守护文化基因的传承者。

华南理工大学建筑学院院长、教授
亚热带建筑与城市科学全国重点实验室副主任

自序

位于广东省梅州市大埔县百侯镇的肇庆堂，是一座拥有百年历史的中西合璧客家民居，现已被列为国家重点文物保护单位，堪称国宝级的民居建筑精品。

作为肇庆堂家族的后裔，早年我曾多次返乡，每次都被肇庆堂的巧妙构造与精美装饰所震撼。同时，我也为这座百年老宅因岁月侵蚀、年久失修的多处岌岌可危的状态深感忧虑。作为建筑师，在这种双重身份的驱使下，我深感有责任为肇庆堂这一客家民居瑰宝的保护与传承贡献一份力量。

2005年，肇庆堂被公布为大埔县级文物保护单位，但当时并未引起各方的特别关注。2008年，我向同为梅州客家籍的华南理工大学建筑学院的吴庆洲教授介绍了自己拍摄的肇庆堂相册。作为研究客家民居及文化的知名学者，吴教授对肇庆堂这一独特的客家民居给予了高度评价，并当即给梅州市的主要领导去函，附上了肇庆堂画册。他在信中重点提到："肇庆堂为中西合璧的客家民居精品，堪为国宝，应加以保护……"我很快便收到了梅州及大埔县政府领导的回应，他们希望我能利用自身的专业背景和肇庆堂后裔身份协助开展对肇庆堂的研究保护工作。

2009年在华南理工大学建筑学院研究生的协助下，我完成了对肇庆堂的初步测绘工作，并在从事文保工作的曹劲博士指导下，协助完成了申报广东省文物保护单位的基础资料。同年，肇庆堂被公布为省级文物保护单位。同时，在社会和学界的重视下，在政府和文物保护部门的主导下，对肇庆堂进行了及时的抢救性修缮，解决了最为迫切的重大安全隐患问题，对文物的本体保护起到了积极作用。随着肇庆堂知名度的提高，在对这座具有深厚历史文化底蕴、融合了中西元素的客家民居建筑进一步的研究中，我们可以更深入地了解客家族群的历史、文化、习俗，以及客家与中原文化、儒家传统文化的渊源。同时，也能更深刻地认识中西合璧客家民居的建筑风格、雕刻、绘画、灰塑等建筑装饰艺术，增强对乡村文化的认同感和自豪感。肇庆堂也成为当地的文化旅游资源和一个重要的社会教育和文化交流平台，成为梅州乃至客家地区的一张名片。

2019年10月，肇庆堂被列入第八批全国重点文物保护单位名单，正式升级为"国宝"。吴庆洲教授关于"肇庆堂堪为国宝"的专业判断成为现实。2024年11月，我再次组织华南理工大学建筑学院研究生对肇庆堂进行补充勘测和深入研究，并对肇庆堂的前辈（杨振林、杨振昌、杨振琪）以及同辈杨展农、杨慧恩、杨慧超、杨璐、李海南、李海光进行了访谈，对先辈杨耀枢、杨振锋、杨振沐生前口述的历史进行了整理。我们汇编了这些内容于本书中，并留下了图档资料，为后续的保护和利用建立了一个技术基础。

本书不仅是对肇庆堂这一国宝级客家民居的宣传，更希望借此对这一典型中西合璧客家民居的历史人文价值、建筑艺术价值进行深入研究，增强对这类传统民居的保护意识，特别是对文物的保护意识。同时，也为提升乡村风貌注入建筑文物保护及发展的思维。

2025年5月

前言

　　客家人其实是汉族的一个组成部分，他们在两晋至唐宋时期因战乱和饥荒被迫南迁，经历了多次迁移（通常认为是五次大迁移），最终主要在江西、广东、福建交界的山区定居，从而形成了独特的客家族群。客家民居作为客家人南迁后的历史文化遗产，见证了客家人的迁徙历程和生存智慧。这些民居的建筑风格和形式不仅反映了客家人的传统文化和习俗，也彰显了他们独特的建筑艺术，因此在中国民居的谱系上占有一席之地。

　　梅州地区是传统的客家人聚居地，拥有丰富的客家民居资源。同时，梅州也是著名的侨乡，早年有不少客家人为了谋生而旅居海外。一些华侨在海外经商致富后选择荣归故里，购置田地并建造房屋。这些客籍华侨新建的居所部分带有西式建筑或东南亚地区的特征，这种建筑风格也带动了当地一些客家居民效仿。因此，梅州地区出现了一批带有异国情调的中西合璧客家民居。这些民居的兴起，见证了梅州地区侨乡建筑的发展。

　　百侯镇位于梅州市大埔县，地处粤东北山区，毗邻福建，素有"文化之乡、华侨之乡"的美誉。历史上，这里文风鼎盛，人才辈出，被列为第五批"中国历史文化名镇"。在明清两代，百侯镇走出了5位翰林、24位进士和134名举人，流传着"一腹三翰林"和"百侯出百侯"的佳话。百侯镇堪称客家民居的大观园，保存着自明清以来超过百座的客家民居，其中也不乏中西合璧的客家民居，"肇庆堂"便是其中一个典型的代表。

　　肇庆堂坐落于百侯镇的侯南村，是一座集客家传统民居特征与西方建筑艺术于一体的建筑瑰宝。它占地面积3120平方米，建筑面积1951平方米，由百侯杨姓第十九世的杨敬修子孙斥巨资兴建。肇庆堂不仅承袭了客家传统民居的建筑风格，更巧妙地融入了西方建筑元素，堪称中西合璧建筑的典范。其建筑特色鲜明，文化内涵丰富，历经百年风雨仍熠熠生辉，是客家文化传承与发展的重要载体。

肇庆堂因其建筑工艺精湛而著称，其中尤其以"四雕一画"（灰塑、瓷雕、木雕、石雕和彩画）的建筑装饰技艺闻名遐迩。这些雕刻和绘画作品精美绝伦，充分展示了高超的建筑技艺和艺术水平。主体建筑由一座堂横堃和一栋两层洋楼组成，二者在整体布局上共用一套轴线，形成了中西合璧的独特布局风格。其建筑构造、装饰细节以及文化内涵都充分体现了当时中西文化交流对客家民居建筑的影响。肇庆堂作为传统民居呈现出这种独特的中西合璧风格，因此具有很高的历史和文化价值。目前，肇庆堂整体保存较为完好，是客家文化的代表性建筑之一，具有极高的文物保护价值。2009年，它被公布为广东省文物保护单位；2019年，被公布为第八批全国重点文物保护单位。

本书以详实的测绘资料、访谈记录及亲身经历为基础，对肇庆堂的建造背景、人文历史进行了系统的分析和研究。同时，本书也针对肇庆堂的空间结构、轴线关系、建造装饰技术与材料、人文艺术表达等多方面进行了深入探讨，并分门别类地汇总了多次勘测的建筑图纸、装饰（木雕、彩绘、灰塑等）图纸和现场照片资料。这是一次对国宝级民居肇庆堂的全面摸底记录，旨在作为基础资料保存下来。

随着岁月的流逝，这座百年老宅也在逐渐老去，昔日的精彩和辉煌也在慢慢褪色。保留那些原始的记忆和经历，不仅是为了流传它的故事，更重要的是为了对这一中西合璧的国宝级客家民居进行保护。本书为肇庆堂今后的维护、维修、研究提供了宝贵的技术资料和历史依据。

目录

第一章　客家及客家民居概况　001
　　一、客家及客家民居概述　002
　　二、客家民居建筑文化特点　005

第二章　梅州客家中西合璧建筑　007
　　一、中西合璧客家民居产生的历史背景　008
　　二、梅州地区中西合璧客家民居概况　010
　　三、百侯镇历史人文背景　014
　　四、百侯中西合璧客家民居概况　017

第三章　肇庆堂建造及人文历史　023
　　一、建造历史　024
　　二、人文历史　029

第四章　肇庆堂的空间构成、轴线关系、技术与艺术　033
　　一、肇庆堂总体空间构成　034
　　二、建筑、装饰工艺与材料　040

第五章　中西建筑、装饰、文化的融合　089

　　一、多元文化背景　090

　　二、西方建筑艺术、技术的影响　091

　　三、本土传统文化的影响　094

　　四、中西建筑、装饰元素融合　096

第六章　肇庆堂的装饰与细部名录　105

　　一、堂横屋　106

　　二、洋楼　186

　　三、其他部位　204

第七章　肇庆堂的保护与发展　209

　　一、肇庆堂的价值评估　210

　　二、全国重点文物保护单位的保护与活化利用　211

　　三、肇庆堂的保护原则　212

　　四、肇庆堂的保护与修缮　213

　　五、肇庆堂修建大事记　225

参考文献	226
附录一　2009年申报广东省文物保护单位部分申报资料	228
附录二　肇庆堂测绘图纸集	231
跋	240
致　谢	241

前堂步口左梁架右狮座

第一章 客家及客家民居概况

DIYIZHANG

肇慶堂

一、客家及客家民居概述

客家是中原汉人在两晋至唐宋时期，因战乱和饥荒被迫南迁的族群。他们先后经历了五次大迁移，最终主要在赣（江西）、粤（广东）、闽（福建）交界的山区落籍繁衍定居，部分还散落分布在四川、湖南、海南、贵州、陕西等地。这一历程形成了"客家"这一我国汉族的特殊分支，也是唯一一个不以地域命名的民系族群。"客"一词源于东晋南北朝及唐宋时期相关的客户籍制度，当时移民入籍者皆被编入客籍，因此这些人也被称为客家人。也有观点认为，"客家"是相对于"主"而言的一种称谓，意味着他们以客居地为家。

客家人的祖先从中原南迁，几经辗转，最终多定居在岭南地区。客家人通常以家族为单位，本族同姓人聚居在一起，以防外敌及野兽侵扰。这样的居住特点使得客家民居在各地演变出多种多样的建筑形态。客家民居是我国五大民居之一，总体来说可以分为"楼"和"屋"两大类[1]。"楼"包括方楼、圆楼、五凤楼、碉楼和其他形状的围楼等；"屋"则包括堂横屋、杠屋、围龙屋等。各种形式的围楼主要分布在福建西南部和江西南部，在广东也有零散分布；而"屋"则主要分布在广东省的客家地区。下面着重介绍杠屋、堂横屋、围龙屋、围楼这四种形制。

杠屋：是由若干个房间并排组成的天井式民居，大门通常设在侧面。建筑规模可大可小，建筑平面会根据居住人口的数量在同一方向进行延伸，形状类似杠杆。各房间既可单独使用，又可通过墙体和院落相互连通，建筑立面也呈现出一定的韵律感（图1-1）。

堂横屋：作为客家民居"祠居合一"的典型代表，堂横屋的设计独具特色。堂屋位于中轴线上，是整个建筑的主体部分，而两侧则设置用于居住的横屋。堂屋通常以一至三堂为主，呈纵向排列；横屋则根据居住人口的数量，以对称的形式横向分布在堂屋的两侧。堂横屋不仅是客家民居中最为普遍和常见的类型，还充分体现了客家文化的特征，并具有较强的地理环境适应性（图1-2）。

---

[1] 潘安，郭惠华，魏建平，等. 客家民居[M]. 广州：华南理工大学出版社，2013.

图1-1　梅州大埔大麻镇中村太和楼四杠屋（利紫晴根据《客家民居·大埔卷》重绘）

图1-2　百侯肇庆堂堂横屋部分（无人机拍摄）

围龙屋：围龙屋是在堂横屋的基础上，于尾部增加一半圆形围屋（称"围龙"），围龙的两端与横屋尾部相连而形成的客家民居。它是集儒家礼制思想、伦理观念、太极阴阳五行哲理、风水地理理论以及建筑艺术于一身的建筑瑰宝，同时也是梅州客家民居的特色代表。围龙与堂横屋围合出的庭院被称为"化胎"，这一设计具有一定的宗教意味。围龙最中央的房间被称作"龙厅"，其功能与堂横屋中的堂屋一致，主要用于民间信仰活动；而旁边的房屋则通常用作厨房或储藏间。与横屋相似，围龙也具有延伸性，可以随着家庭成员的增加而不断扩大规模（图1-3）。

图1-3　梅州梅县南口瑶上村善本庐二堂四横二围屋（张雨思根据《客家民居·梅县卷》重绘）

围楼：围楼是在堂横屋平面的基础上竖向发展而来的大型客家民居，具备更高的防御功能。它通常为三到五层的居住组合体，在中轴线上设置有堂屋和天井。在功能布局上，底层通常用作厨房，二层用作储藏，而三层及以上则设置房间供居住。围楼的平面形态以方形和圆形为主，此外还有五角、八角、椭圆、马蹄等多种形状。为了增强防御能力，建筑的角部往往会设置碉楼，用于侦察和防御。

围楼中还有一些特殊的类型。例如，福建地区的五凤楼，它是在堂横屋的基础上逐渐加高建筑高度，形成后高前低、层层跌级的独特建筑形态。而在深港地区，规模更大的围楼则是在基础平面之外建造多层围楼，形成外高内低的结构。这些围楼之间通过内部的天井相连，规模庞大，形如城堡，展现出客家民居的雄伟与壮丽（图1-4）。

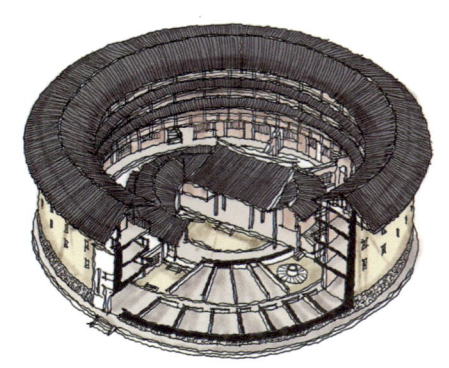 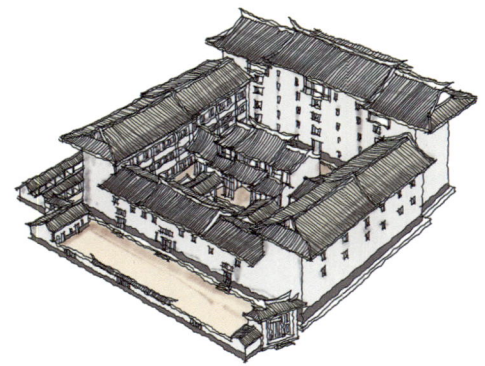

图1-4　福建龙岩永定高头镇启承楼圆形土楼（左）和永定湖抗洪坑村林氏福裕楼五凤楼（右）
（黄展章根据吴庆洲《中国客家建筑文化》重绘）

二、客家民居建筑文化特点

1. 宗族聚居

客家民居具有鲜明的宗族共同体聚居的社会特征，这一特征源于汉、魏晋南北朝时期中原的宗族共同体聚居制度和坞堡宗族聚居方式。客家人运用中原传统建筑工艺中最先进的抬梁式与穿斗式相结合的技艺，建造出围堡式大屋，以供本姓族人聚居。

2. 围堡式建筑特征

客家民居建筑的典型特征是围堡式大屋，这一特征可追溯到汉、魏晋南北朝时期的中原大宅与坞堡建筑。客家民居的第一大显著特点就是"合围"，如围楼、围龙屋等都是典型的合围式建筑。合围建筑的首要功能是防御，其次则是增强内部的凝聚力，这两方面都深深植根于客家人上千年的迁徙和繁衍历程中，成为他们共同的记忆和基因。

3. 选址习俗的讲究

在营造客家民居前，人们必定会遵循"左青龙、右白虎、前朱雀、后玄武"的理想格局进行选址；同时，还会根据"涉水藏风"的要求进行"觅龙"（寻找"龙脉"）、"察砂"（观察周围山形）、"观水"（审视水流）、"点穴"（确定穴位），从大的四境到具体界址，分步确定居住的方位朝向。最后，在选定的吉日时辰立下"泰山石敢当"，以示开工动土的吉祥。

4. 多元文化的融合

客家民居集中体现了中原宫殿式、府第式、四合院式等多种建筑风格，这反映了客家民系历史和传统文化的变迁。同时，客家民居在不同的历史时期和不同地区也呈现出不同的变化。例如，在赣南地区，为了突出防御功能，人们修建了高大的方形围屋；在闽西地区，则出现了田螺坑土楼群这样的圆形客家土楼；而到了粤东梅州地区，则修建起方圆结合、更注重生活功能的围龙屋。

5. 注重内涵的表达

客家建筑的外在形式蕴含着深刻的意向表达。依山傍水、负阴抱阳的建筑布局，就地取材的建筑材料和因地制宜的建筑形态，都反映了客家人追求与自然和谐共生的理念。围龙屋半圆形的围龙、池塘以及方正的堂横屋沿轴线依次排开，这是对中国古代哲学中天圆地方、阴阳合德的宇宙图式的体现；中轴对称的平面布局和以堂屋为核心的空间模式，则是对儒家礼乐思想和伦理观念的宣扬和遵守。此外，建筑房屋的命名及建筑的装饰细节也诉说着客家人对自己、对亲人朋友以及对生活的美好祝福和期盼。

第二章

梅州客家中西合璧建筑

DIERZHANG

前堂步口右梁架左狮座

肇慶堂

一、中西合璧客家民居产生的历史背景

梅州是客家人在广东的主要聚居地，同时也是我国著名的侨乡。客家人漂洋过海、外出谋生的历史最早可以追溯到宋末元初时期。当时，参加抗元斗争失败的客家人为了躲避迫害，冒险逃往南洋，成为客家人向海外发展的先驱。而客家人大规模地出海迁徙则发生在明末清初，即客家人的第五次大迁徙中。

从国际背景来看，西方列强在东南亚地区进行殖民统治，发展工业急需大量的劳动力；从国内情况来看，客家生活区面临的人多地少的矛盾日益加剧，加之太平天国运动的失败和粤中地区持续了十二年的土客械斗，使得客家人不得不开始了又一次的迁徙浪潮。这次迁徙不仅包括了向广西、海南、云南等国内边境地区的迁徙，还有通过海路和陆路两种方式，从内陆前往海外的谋生。

海路方面，客家人从梅州出发，沿着梅江及其支流到达厦门、汕头、广州、海口、虎门、香港和台山赤溪凼家冲等港口，再乘船前往南洋各地。陆路方面，则通过广西、云南边境进入缅甸、越南等地。对于生活在山地丘陵地区的客家人来说，水陆交通具有重大的意义。它们不仅是客家人外出的必要方式，也是兴梅侨乡地理分布的重要依据。以梅江水系为轴，客家人的聚落呈现出带状分布的特点，同时又借助于梅州地域内的两大港口——梅城和松口，形成了聚落组团（图2-1）。

下南洋的客家人为梅州地区的侨乡带来了巨额的侨汇，这些侨汇极大地促进了当地经济建设的发展。侨汇的主要用途涵盖赡养亲眷、事业投资和慈善公益捐赠等多个方面，其中，家庭支出和修建房屋占据了侨汇总额的绝大部分。受限于山地丘陵地形，梅州地区可用的平坦用地相对有限，侨乡的建设多是在原有村落格局的基础上，通过增加民居建筑数量或扩大原有聚落规模来进行。这一建设模式形成了同一村落中新旧民居建筑共存的独特景观。

同时，客家华侨将侨居国的西方建筑元素巧妙地融入当地传统民居之中，创造出具有中西合璧风格的民居建筑。当时，西方社会正流行着古典复兴主义、浪漫主义和折中主义等建筑思潮。然而，由于许多客家华侨身居东南亚而非欧洲，他们所接触到的建筑又进一步融合了东南亚当地的建筑特色，包括本土民居的高脚屋设计以及佛教、伊斯兰教等宗教建筑文化。这种多元文化的交融，使得中西合璧的客家民居风格各异，呈现出百花齐放的局面，极大地丰富了梅州侨乡的乡村风貌。

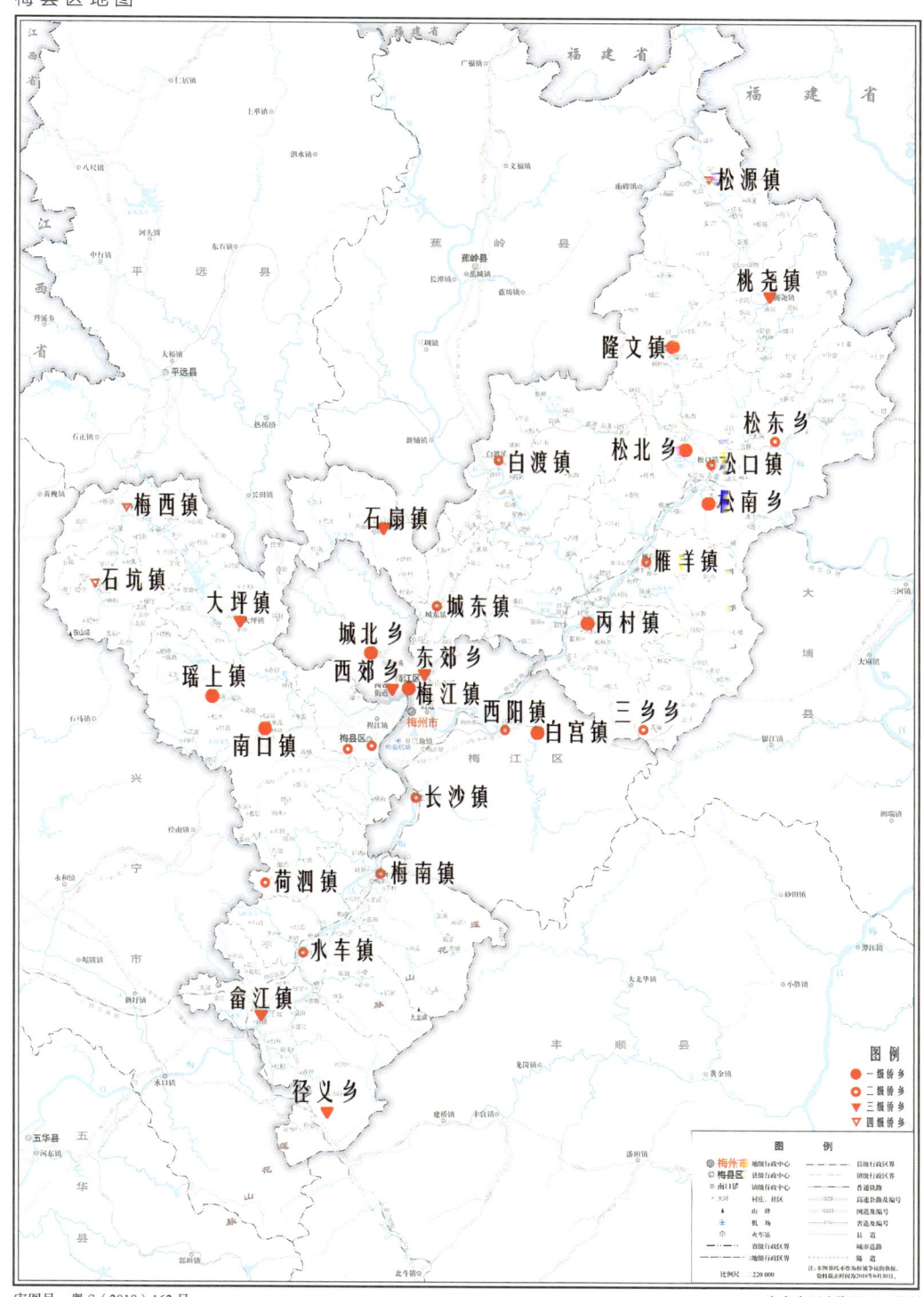

图2-1 梅州客家侨乡聚落分布图（张雨思根据郭焕宇《近代广东侨乡民居文化比较研究》改绘）

除了推动乡村民居建设外，投资性的侨汇还极大地促进了城镇商住建筑的发展。华侨将大量资金投入房地产业、金融业、服务业等消费型经济领域，为侨乡城镇的繁荣和发展注入了强劲动力。在政府政策的鼓励下，华侨的投资成为城镇商业、居住建筑建设的重要资金来源。在20世纪20年代到30年代的侨乡建设高潮时期，梅州侨乡地区涌现出众多商住两宜、适宜商业发展的骑楼建筑。这些建筑不仅形成了繁华的商业街区，还促使城镇的空间格局和形态发生了显著变化。

在慈善捐赠方面，华侨慷慨解囊，捐赠了包括学校、图书馆、祠堂、医院、公园、教堂等在内的多种类型公共建筑。这些捐赠不仅丰富了侨乡城镇的建设内容，还加速了其向现代城市演进的步伐，为侨乡城镇的现代化进程做出了重要贡献。

二、梅州地区中西合璧客家民居概况

遵守传统礼制、注重宗族家庭的初代客家华侨，拥有强烈的祖籍认同感，他们深受"落叶归根""荣归故里"观念的影响。民国时期，众多在各地经商或务工而发家致富的梅州客家人，为了彰显自己的身份与财力、改善居住条件，纷纷在梅州侨乡修建了一座座中西合璧风格的客家民居。

从建筑形制来看，梅州地区传统的客家民居大致可以分为堂横屋、围龙屋、杠屋、围楼四类，其中，围龙屋和堂横屋占据主导地位，杠屋和围楼则作为辅助类型存在。尽管每种类型的客家民居在建筑规模、建筑装饰、建筑形态等方面各有千秋，但它们都遵循着"居祠合一"的空间特征，即中轴对称的平面布局以及以祠堂空间为主、居住空间为辅的围合关系。这一布局反映出客家人对宗族观念和儒教礼法的深厚情感和执着追求。

在修建新的民居建筑时，客家华侨表现出相对保守的态度。他们并未完全摒弃传统的客家民居形式，而是在此基础上，巧妙地融入西方建筑文化于不同的建筑要素之中，从而形成了各具特色的中西合璧客家民居建筑。

根据资料及实地调研统计，梅州地区现存的中西合璧特征显著的客家民居有百余座，它们点缀在梅州的各个侨乡之中，成为梅州乡村一道亮丽的风景线。从分布情况来看，这些中西合璧的客家民居主要集中在梅江区、梅县区、兴宁市以及大埔县，而在丰顺、五华和平远县则有少量分布。这一分布状况与梅州各地区华侨的人口密度呈现出正相关关系（表2-1、图2-2）。

表2-1 梅州中西合璧客家民居分布表

分布地区	民居数量	主要村、镇、街道	分布地区	民居数量	主要村、镇、街道
兴宁市	12	径南镇星耀村、新陂镇、刁坊镇、龙田镇、宁中镇	丰顺县	1	黄金镇遍砂村
梅江区	17	城北镇干光村、古洲村、三角镇泮坑村、东升村、东山大道、金山街道、西郊街道	五华县	6	华城镇、周江镇、安流镇、梅林镇
梅县区	27	丙村镇、石扇镇、雁洋镇、西阳镇、澄江镇、南口镇侨乡村、蕉坑村、城东镇、松口镇、南口镇	蕉岭县	10	新铺镇金沙村、新铺镇象岭村、蕉城镇、南镇
大埔县	23	百侯镇侯南村、湖寮镇、大麻镇、三河镇小坑村、茶阳镇、西河镇、高陂镇	平远县	4	仁居镇、东石镇、大柘镇

注：此表由郁琳绘制。

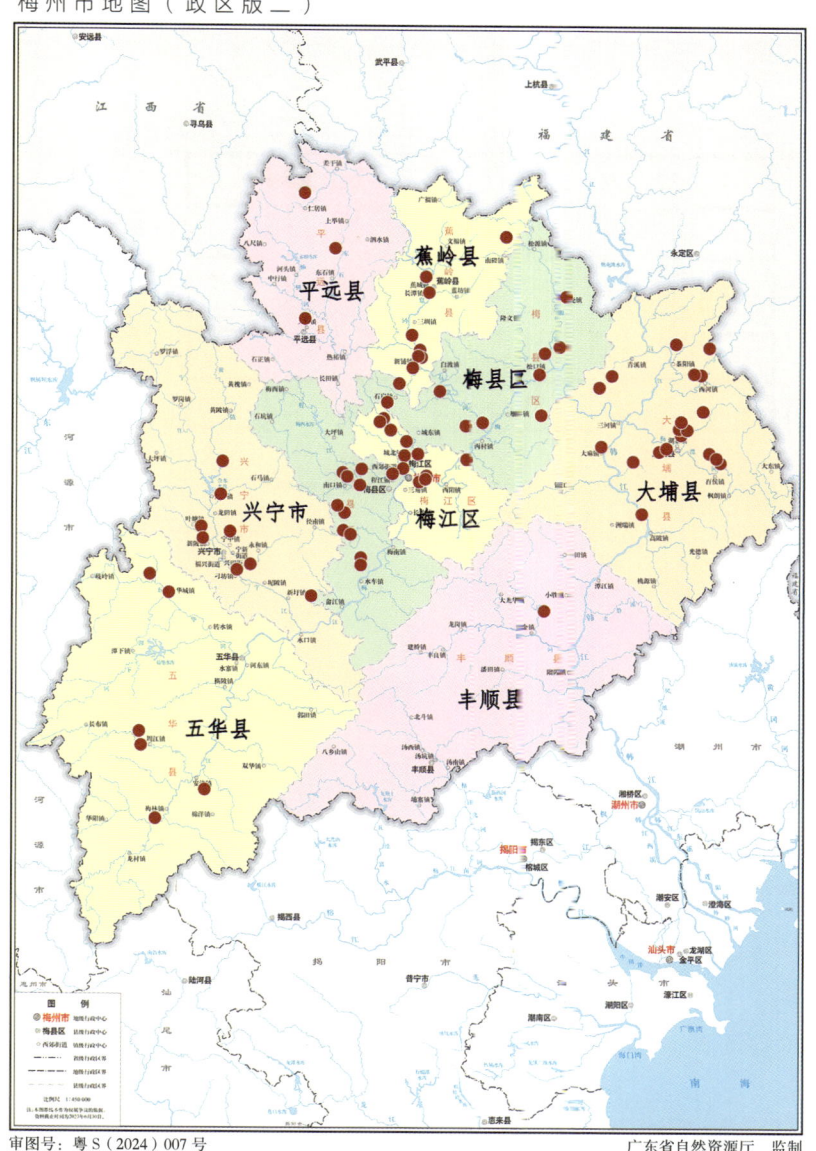

图2-2 梅州中西合璧客家民居分布图（利紫晴改绘）

与传统客家民居相比，梅州中西合璧客家民居最突出的特征体现在建筑装饰及建筑材料层面。此类民居在建造时引入当时先进的混凝土框架结构技术，并大量采用进口建材；在建筑装饰上，融入西方建筑风格，设置西式柱廊与图案纹样，折射出屋主的审美倾向。在平面和空间布局上，中西合璧客家民居的变动往往是保守的，呈现出渐进式的特征，大致可以划分为以下四类。

1. 开放空间的渐进拓展

大部分中西合璧的客家民居仍延续传统的空间形制，但通过局部的改变增强开放性：水平层面，主立面采用连续拱券构建有韵律的西式柱廊立面，或在入口处增设西式门楼，使传统内凹的民居入口向外凸出；同时屋顶的形制也突破传统坡屋顶范式，堂屋、横屋、碉楼的部分改用平屋面，更有甚者整个屋面均为平屋面，拓展了晾晒与活动的空间。竖向层面，二层门厅增设露台和连廊，强化了竖向空间的交互（图2-3）。

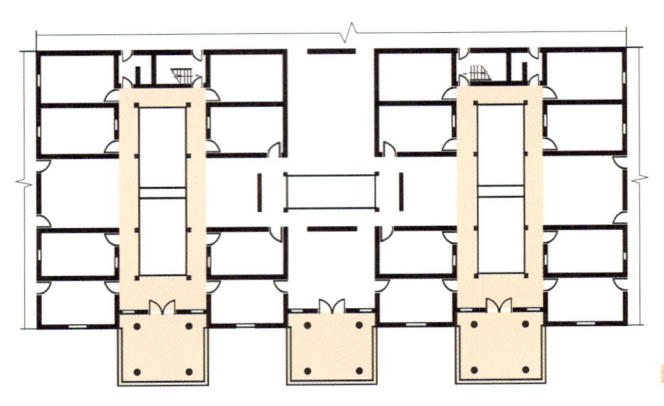 

图2-3　梅州梅江区西阳镇白宫新联村联芳楼（赵哲绘、摄）

2. 功能布局的弹性调适

中西合璧的客家民居会根据居住和使用的需求灵活调整平面布局，补充强化既有功能空间，或是精简弱化原有的功能、流线组织。

一方面，许多中西合璧的民居会在连接堂屋的过厅或是在主体建筑外部设置独立的卫生间和厨房；有的民居会将以前用来堆放杂物的伸手间建造为集休闲和入口功能于一体的两层门楼；有的则利用山地原有的高差建造地下室作为房屋前的禾坪；一些大型的围龙屋也更多地将半圆形的围屋建成为方形的枕屋，以满足更多的居住需求（图2-4）。

图2-4　兴宁市径南镇星耀村拙庐地下室、星耀村恒云楼茶楼（赵哲摄制）

另一方面，一些中西合璧的民居在建筑形式上趋近于西式洋楼，房屋虽然依旧涵盖了堂和屋的功能，但部分功能空间做出牺牲，流线组织也比原来更简单。

其中一种采用西式独立住宅的集中式平面布局，简化了交通及天井空间，并将主体功能集中布置，厅堂与房间直接相连（图2-5）。另外一种代表是"火船屋"，其建筑造型来源于20世纪40年代的西洋火船，平面布局呈现出面宽小而进深大的特点，内部由一条单廊串联起门厅堂和起居空间，屋内不设天井，厨房卫生间放置在最后作为"船尾"（图2-6）。

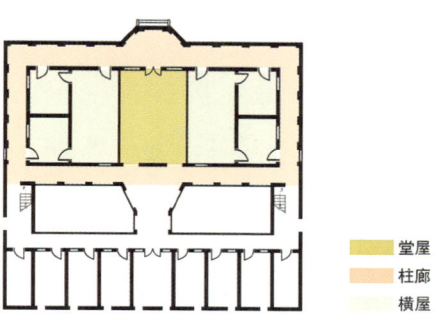

图2-5 梅州梅县区邓仲元故居（赵哲绘、摄）

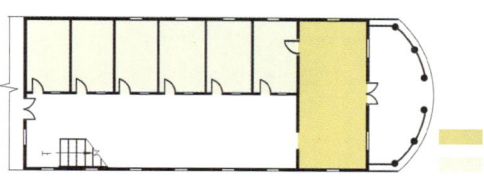

图2-6 梅州大埔三河镇梓里村健庐、杰庐（赵哲绘、摄）

3. 轴线关系的复合演进

此类中西合璧的客家民居均由一栋西式风格的洋楼和一栋传统民居组成。西式洋楼主要承担传统民居中横屋的功能，作为对传统民居中起居生活空间的补充，并采用对称的平面布局（图2-7）。一中一西两组民居平面独立却又互为呼应，形成双重轴线，产生更加丰富的空间秩序，肇庆堂就是这类中西合璧客家民居的典型代表（图2-8）。

图2-7 梅州梅县区古氏洋楼、大埔大麻镇恭下村宜慎山庄（赵哲摄）

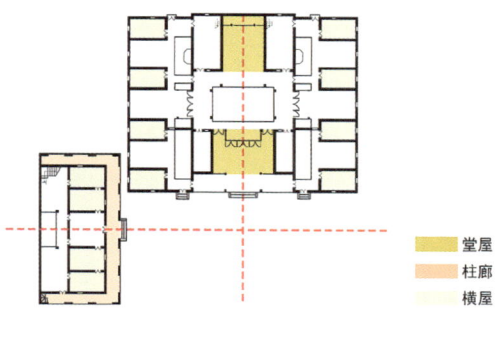

图2-8 梅州大埔县肇庆堂（赵哲绘、摄）

4. 自由形式的在地实验

除上述几种类型外，梅州中西合璧的客家民居中还有少数敢于打破传统平面布局的秩序，创造出独一无二的平面形式，实现个性化创新。比如，兴宁市的慈恩庐将建筑的堂屋部分建造为一个凸字形平面、歇山顶的大型会议厅；梅江区的鹤和楼在堂屋之间的天井中置入一西式风格的拜亭，并将尾部的围屋部分建为私塾（图2-9）；梅县的喆庐将民居前的禾坪布置成几何状的西式花园风格，梅江区的人境庐融入日本的园林风格，并配以客家民居传统的木构式建筑，形成园林建筑群（图2-10）。

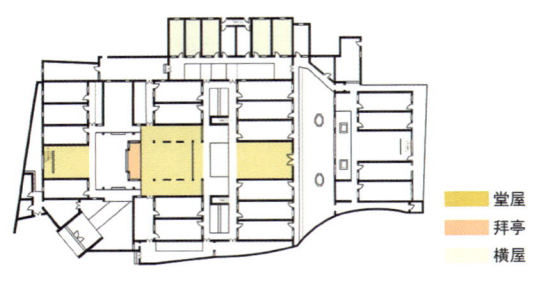 

图2-9 梅州梅江区西郊街道鹤和楼（左图赵哲绘、右图刘佳栋绘）

图2-10 梅州梅江区人境庐平面、梅县区松口镇喆庐（左图赵哲绘、右图刘佳栋绘）

中西合璧的客家民居是西方建筑文化与客家传统民居融合的产物。尽管受限于山区地理条件与有限的外来文化输入，其仍在传统基础上实现了技术、装饰与功能的多维创新。此类民居建筑不仅见证了客家人对西方建筑语汇的多元化转译，更彰显了客家人"守本纳新"的文化智慧，为传统民居现代转型提供了珍贵范本。

三、百侯镇历史人文背景

百侯镇坐落于大埔东南部的盆地之中，地理位置得天独厚，地处福建与广东两省的交界处，是连接沿海与内陆地区的重要枢纽，同时也是典型的潮客文化交融区域。在秦汉时期，百侯隶属于南海郡揭阳县；魏晋南北朝时，则归属义安郡义招县管辖；

图2-11 百侯镇区位图

到了唐及宋元时期，隶属于潮州海阳县；明代时，归属广东省潮州府饶平县；明嘉靖五年（1526年），大埔县设立后，百侯便归属大埔县管辖，这一归属关系一直延续至今。中华人民共和国成立后，百侯镇所在的大埔县先是归属兴梅专区，后来划归汕头专区管辖，自1988年起，开始归属广东省梅州市管辖至今（图2-11）。

如今，百侯镇总面积达110.2平方公里，下辖侯南、侯北、东山、曹鲇、南山、白罗、横乾、曲滩、帽山、苏姑坪、旧寨里、软桥、新乐、武塘等14个行政村和百侯社区，其中侯南和侯北两村的规模最为庞大（图2-12）。在客家人的第三次大迁徙浪潮中，南宋时期的汉人自北方南下，来到了百侯这片土地，带来了先进的铁器锻造技术，并与当地的畲瑶族群相融合，共同开发盆地与山林，百侯逐渐步入了传统的农耕社会。

侯南、侯北两村因其平坦的地理位置和梅潭河的贯穿而成为南下汉人居住栖息的首选之地。侯南杨姓始祖四十一郎，为躲避宋末的战乱，从福建汀州宁化石壁村迁徙至大埔县西河镇下北塘村，尔后又迁至百侯侯南开基立业。侯北萧姓始祖萧淳，在南宋末年曾任福建漳州太守和潮州路总管，为躲避战乱，从江西泰和县迁居至侯北。此后，又有李、丘、林、刘等多个姓氏相继迁入百侯。侯南居民以杨姓为主，而侯北则以萧姓为主。侯北地势较高，土地肥沃，极适宜耕种，因此居于侯北的萧氏族人多以务农为生。而侯南的杨氏家族，由于拥有百侯圩的管理权，并充分利用梅潭河航运的便利条件，除了务农之外，许多族人也涉足商业领域。百侯地区人多地少，除了依靠传统农耕维持生计外，百侯人还积极开发山林、鱼塘，并大力发展商品贸易。明清时期，百侯逐渐形成了以农业为主导的传统聚落形态。

图2-12 百侯镇全景（无人机拍摄）

清乾隆年间，大埔人便已开始远赴海外谋生。当时的大埔人南下时，通常会先走陆路经过潮州饶平，然后到达汕头樟林港，再由此乘船前往南洋各个国家。鸦片战争后，随着汕头开埠通商，人们出行也变得更加便捷与高效。因此，越来越多的大埔人选择外出谋生，其中，能力和条件相对较好的人会前往广州、上海、潮州、汕头等国内经济相对发达的地区；而条件相对较差的，则会选择从汕头出发，远赴东南亚各国寻求生计。截至民国时期，百侯镇的外出务工人口已经占到了全县人口的三分之一，其中，前往东南亚务工的人口更是占到了外出人口总数的七成以上（图2-13）。

百侯镇的侨汇通常经由汕头转入，再由当地的水客（专门负责收集和配送侨批的人员）送至百侯镇

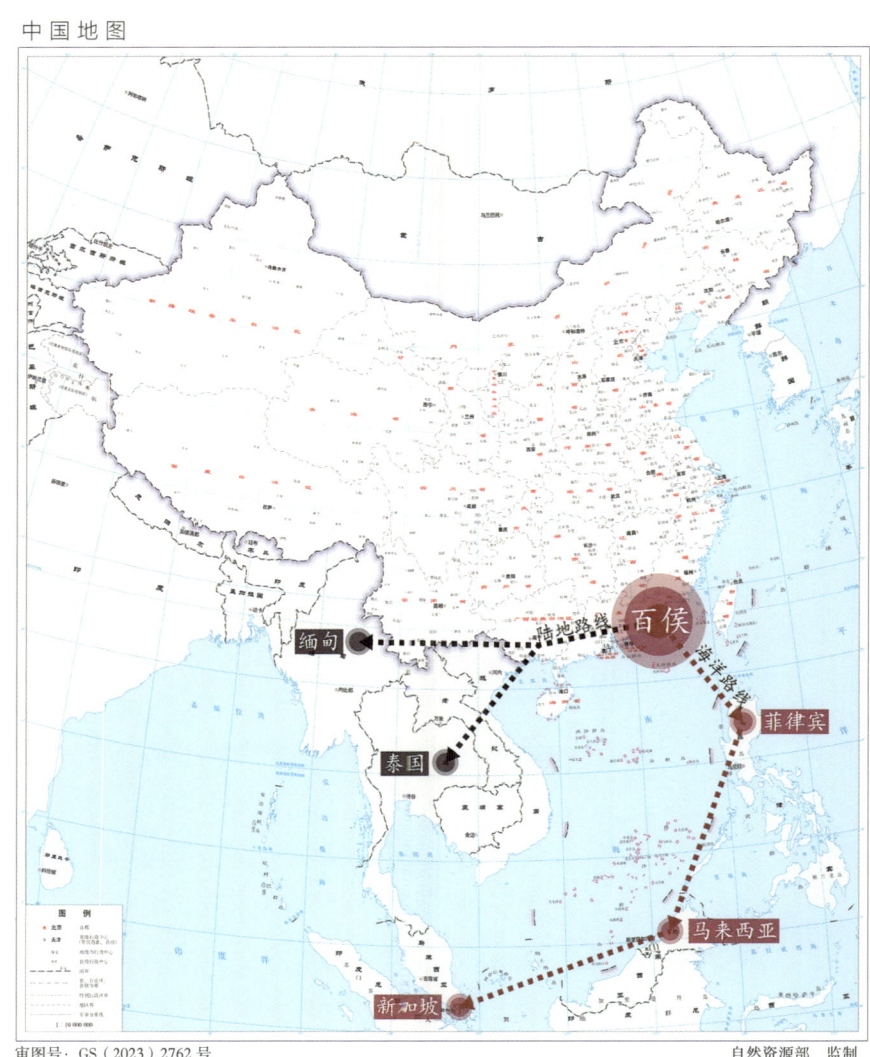

图2-13 百侯人出海路线图

的各个侨眷手中。这些侨汇的涌入，使得百侯迅速崛起为粤东北地区一个著名的经济中心。得益于良好的经济条件，百侯人也积极投身于家乡的建设之中。在民国时期，侯南和侯北两村便先后在梅潭河的两岸修建了数百米长的骑楼街，这一举措极大地促进了当地商品经济的发展与繁荣（图2-14）。与此同时，享有"文化之乡"美誉的百侯，还积极整合乡村的教学资源，建立起了多所新式学校，从而形成了涵盖幼儿园、小学、初中直至高中的完整教学体系。

图2-14　侯南村骑楼街（赵哲摄）

四、百侯中西合璧客家民居概况

大埔县拥有20余座中西合璧的客家民居，这些民居广泛分布在百侯、湖寮、大麻、三河、西河、茶阳等镇。仅在百侯镇的侯南村，就有5座这样的民居："海源楼"（一字形平面，图2-15），由杨潮荣在马来西亚经商并兼任"水客"赚得巨款后所建，此楼同时也作为当地的侨批馆使用；"景足东南"（双杠式，图2-16），由杨子裕在上海经商致富后回乡所建；"绮园"（两堂两横式堂横屋，图2-17），则是杨绮石前往新加坡经商获利后所建的宅邸；"企南轩"（堂屋加洋楼，图2-18），为百侯进士杨之徐及其后人所建；最后一座则是"肇庆堂"（两堂两横式堂横屋加洋楼，图2-19）。

肇庆堂作为中西合璧客家民居的杰出代表，其特色不仅体现于建筑形式上的新颖独特，更在于建筑装饰的精湛与丰富。肇庆堂的"四雕一画"（木雕、石雕、灰塑、瓷雕和彩画）做工考究，精致细腻，这些装饰元素遍布民居建筑的各个角落，从入口大门到建筑山墙，从屋檐房梁到门窗墙壁，无处不在。装饰题材也极为广泛，既有花鸟鱼虫的自然之美，也有神话传说的神秘色彩，还有诗词歌赋的文学韵味以及写实绘画的生活气息，这些都充分展现了屋主人美好的愿景和对子孙后代无尽的祝福。

百侯镇堪称客家民居的大观园，这里保存着自明清以来超过百座的各时期客家民居。在文化层面，明清两代百侯镇走出了5位翰林、24位进士和134名举人，流传着"一腹三翰林"的佳话。百侯镇也因此由最初的"白堠"旧称更名为"百侯"，寓意"百侯之地，人才辈出"。如今，百侯镇已被列入第五批"中国历史文化名镇"，侯南、侯北村也被列入"中国传统村落"名录。百侯镇还被打造成为4A级景区"百侯名镇旅游区"，走进百侯镇，游客不仅可以感受到浓厚的文化氛围，欣赏到各式各样的客家民居，还能一睹这些中西合璧客家民居的风采。

图2-15　百侯镇海源楼（赵哲摄）

图2-16 百侯镇景足东南

图2-17 百侯镇绮园（赵哲摄）

图2-18 百侯镇企南轩

图2-19　百侯镇肇庆堂（无人机拍摄）

第三章 DISANZHANG
肇庆堂建造及人文历史

前堂步口左梁架左狮座

肇慶堂

"肇庆堂"坐落于广东省梅州市大埔县百侯镇东南部的侯南村。其南面被清溪环绕，西北面与民居紧密相连，整个建筑基地镶嵌于水田之中，阡陌纵横，环境宁静而优美，地理位置十分优越。肇庆堂总占地面积为3120平方米，建筑面积为1951平方米。

　　至于肇庆堂的总体布局，则大致遵循了中国传统民居的布局方式——前庭后院，建筑与庭院、天井有机地融为一体。它既保留了围龙屋的特质，同时在空间序列上又巧妙地融入了一座二层西式洋楼，与之相伴相生。正是这座西式洋楼的存在，使得肇庆堂的总体布局相较于一般的客家民居展现出了其独特之处。

　　肇庆堂的主体结构由两座位于同一轴线体系的传统客家堂横屋和一座西式二层洋楼组成，这两部分通过共同的院墙围合成一个和谐的整体。这也正是我们将肇庆堂定义为中西合璧的客家民居的重要依据。

一、建造历史

1. 家族背景及堂号由来

　　谈及肇庆堂的历史，我们首先要对其主人的家族进行一番简要的梳理。百侯镇以梅潭河（旧称清远河）为界，被划分为侯南和侯北两个区域。梅潭河发源于福建平和的葛竹山，它流经大埔，向东进入梅州域内，并依次流经枫朗、百侯、湖寮等地，被誉为百侯镇的母亲河。梅潭河自东向西穿镇而过，将这座古镇一分为二，南岸以侯南村及杨姓人家为主，北岸则以侯北村及萧姓人家为主。而肇庆堂的杨氏家族便坐落于侯南村。

　　杨氏家族作为客家南迁的一支，其历史可追溯到南宋咸淳八年（1272年）。当时，杨氏先祖为躲避南宋末年的战乱，南迁至福建宁化县石壁村，后又继续南下至百侯谋生。先祖见百侯依山傍水，土地肥沃，便决定定居于此，并另娶沈氏为妻（原配余氏则留在福建养育子女）。沈氏在百侯的后裔便成为侯南村杨氏家族的宗源。肇庆堂所属的这一支系，按百侯杨氏族谱记载，属于第十五世渊雅公派下的第四房衍公支系，是清康熙五十九年（1720年）的分支。

与肇庆堂直接相关的是生于清道光二十三年（1843年）的第十九世杨敬修，他育有五子：杨得漳、杨得意、杨得信、杨国材（号荫恒，乳名得榕）、杨得明（号俊三）。其中，得信英年早逝，得漳和得意也分别在23岁和19岁时相继离世。得意之子杨思严（又名杨笃生）半嗣于得漳，可以说是继承了兄弟二人的子嗣（图3-1）。而老四国材和老五得明当时在汕头经营药材生意，开设了"顺昌济"药房。他们的生意越做越大，在上海、广州、香港等地都有生意往来。其间，前面提到的杨笃生，也就是杨国材和杨得明的侄子，从学徒做起，一直帮忙打理"顺昌济"的生意。随着"顺昌济"生意的成功，杨氏兄弟及其子嗣在经济上获得了丰厚的回报，于是他们决定在百侯老家买田置地，新建自己的宅院，这也就是我们现在所看到的"肇庆堂"（图3-2）。

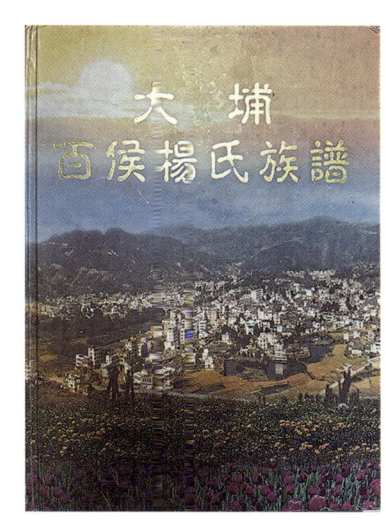

"肇庆堂"的堂号则是杨敬修的后代为纪念父辈，以杨敬修的表字"肇堂"中间加"庆"以示敬意，作为这座建筑的名号，于是就有了"肇庆堂"的堂号了。类似这样的堂号在百侯留存的老宅还有很多，它们都有自己的故事和寓意，如"笙曹筱筑""通议大夫第""莲瑞流馨"等充满文化内涵的府邸名号。这些名号一直沿用，也作为地名保留至今。

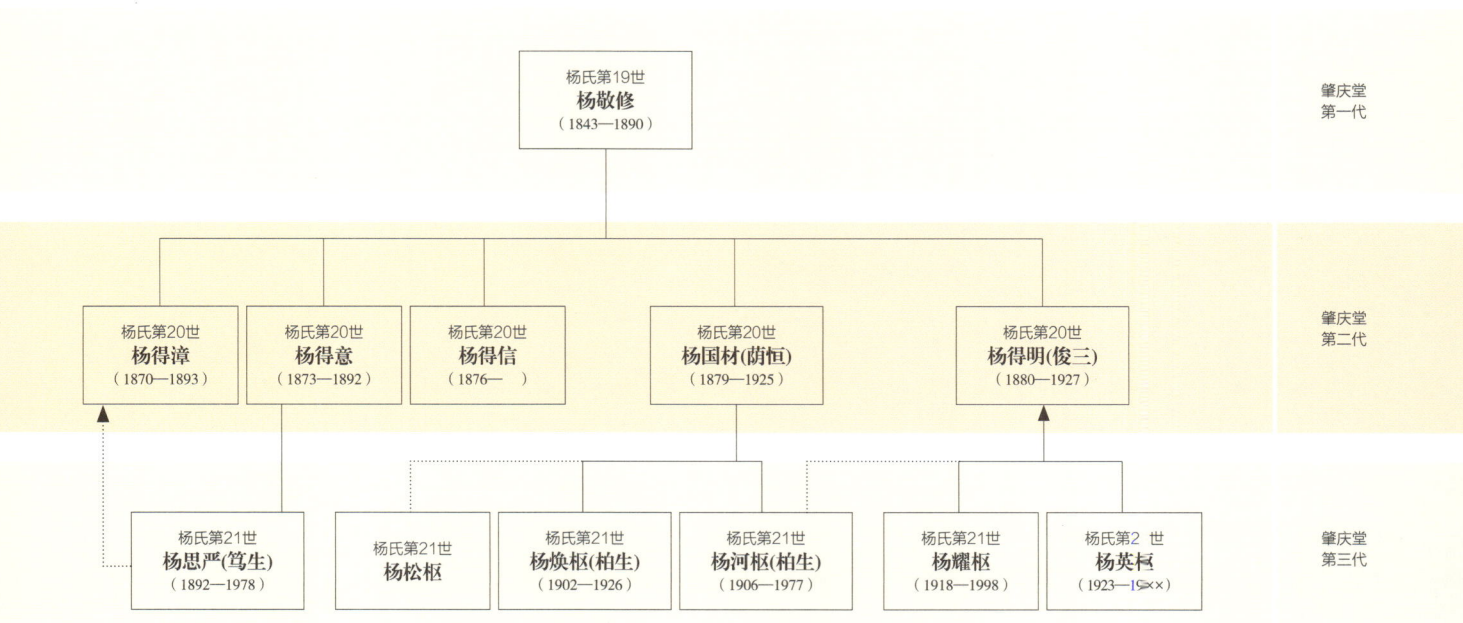

图3-1 大埔百侯杨氏族谱（根据百侯杨氏族谱作者改绘）

图3-2　肇庆堂历史照片（来自肇庆堂家族）

2. 建造、维护历程

　　肇庆堂于1914年动工兴建，于1917年竣工完成。据杨氏家族的老一辈成员回忆，在肇庆堂建造的初期阶段，家族便决定采用一种中西合璧的建筑格局，即以传统的客家堂横围屋作为"中"的部分，而以二层框架结构的洋楼作为"西"的部分，实现两者的有机结合。洋楼的部分设计图纸甚至是从国外获取的。在最初的总体规划中，围屋的格局被设计为完整的两堂两横加枕屋的传统客家围屋样式（图3-3）。然而，在建造过程的后期，由于家族成员不幸遭遇绑票事件，财产遭受重大损失，因此不得不将枕屋的建设计划搁置，希望将来条件允许时再行建造。而这块被搁置的基地，如今已成为后院的菜园。

　　围屋和洋楼是同时开工建设的，为了确保建筑质量，家族根据不同的工种，精心挑选了当时最优秀的师傅来参与建造。这些师傅主要来自江西、广东潮汕、福建、江苏等地，他们各自擅长不同的建筑技艺。而在洋楼的建造过程中，家族还特意请来了国外工匠作为监工，以确保其西洋建筑风格的完美呈现。正是这些技术精湛的工匠们，以他们各自擅长的技艺，共同成就了肇庆堂现在所展现的精美"四雕一画"：灰塑、石雕（福建特色）、木雕（潮汕工艺）、瓷雕（融合了江西与潮汕的技艺）、彩画（结合了潮汕与梅州的艺术风格）。

　　由于杨氏子嗣长期在潮汕地区经商，因此在建设肇庆堂的过程中，他们深受潮汕文化及建筑技艺的影响。整个建筑中随处可见受潮汕文化熏陶的传统建筑工艺，这些工艺与客家建筑元素相互融合，共同构成了肇庆堂独特的建筑风貌。

图3-3 肇庆堂复原假想图（根据无人机拍摄改绘）

肇庆堂至今已历经百年风雨，其原有结构多为砖木结构，而泮楼部分则采用了钢筋混凝土。在岭南这种潮湿多雨的环境中，建筑不可避免地会受到自然的侵蚀以及虫蚁的侵害。尽管家人对肇庆堂百般呵护，但建筑结构还是遭受了不同程度的破坏。此外，历史上的战乱、盗匪的侵扰也给这座百年老宅带来了深远的影响。

在笔者所了解的经历中，就曾发生过盗贼一夜之间将围绕中庭的12扇屏风门全部盗走的事件。后经杨氏后人（如杨振琪、杨展农等）的不懈努力，才最终追查到了这些屏风的去向，并通过协商，由肇庆堂家族共同出资将其赎回。

在20世纪60—70年代，由于特定历史时期的影响，肇庆堂的一些历史文物也遭到了不同程度的破坏。例如，洋楼的铁艺栏杆和部分重要雕塑，因大炼钢铁而被损毁；一些牌匾也未能幸免，其中包括颇具人文历史价值的"仁登寿域"牌匾（原为陈炯明所题），其原件如今已经遗失，现存的仅为后期的复制品（图3-4）。

图3-4　旧照片中"仁登寿域"牌匾原件印记（翻拍自杨氏家族旧照）

　　2009年，肇庆堂在被评定为广东省文物保护单位后，逐渐受到了社会和文保部门越来越多的关注，政府随即启动了对这座百年老宅的抢救性修复工作。由于从肇庆堂建成至2009年期间，该建筑并未经历过大型、系统的维修，文物本体的结构因自然风化、虫蚁侵蚀等，出现了围屋屋顶漏水、下堂主结构木构损毁严重等问题（图3-5），只能依靠外加支撑来防止其倒塌。洋楼的楼板为木构梁板结构，也遭受了白蚁的严重破坏，导致整个二楼无法正常使用，已成为危楼（图3-6）。

　　鉴于上述情况，广东省及地方政府分别在2012年和2014年斥资对围屋和洋楼进行了抢救性修复，初步解决了文物的安全性隐患。2019年，肇庆堂更是被评为国宝，并被列入第八批全国重点文物保护单位，其保护工作也随之提升到了更高的层面。目前，肇庆堂的进一步保护计划已经被纳入2024年政府的财政计划之中，这为肇庆堂这一国宝级的文物提供了更加有力的维修保护保障（表3-1）。

图3-5　下堂损毁木结构

图3-6　洋楼损毁的木构梁板

表3-1　2024年国家文物保护资金分配表

地区	地区编码	二级项目名称	分配单位	
博罗县	441322000	博罗县葛洪博物馆馆藏文物预防性保护项目	441322000	博罗县
大埔县	441422000	大埔肇庆堂修缮工程	441422000	大埔县
大埔县	441422000	联丰花萼楼修缮工程	441422000	大埔县
海丰县	441522000	海丰红宫红场旧址——大成殿、大成门、红场大门、赤山约农会旧址修缮工程	441521000	海丰县

注：此表由郁琳绘制，根据粤财教科〔2023〕199号文件重绘。

二、人文历史

肇庆堂的建造，不仅深受自己家族历史背景的影响，同时也受到当时特殊历史环境以及所处地区社会、经济、民俗等多方面的深刻影响，留下了新文化运动的历史印记。20世纪20年代前后，中国新文化运动蓬勃兴起，这是一次倡导民主、科学的社会进步和思想解放运动。肇庆堂正是在这一思想浪潮的影响下得以建设的。从中西合璧的建筑风格来看，这种开放的新思维无疑起到了重要的推动作用。肇庆堂的建造者在一定程度上打破了传统束缚，勇于接受新观念，实现了洋为中用、中西融合，从而成就了这组独具特色的客家建筑。

除了思想文化的影响外，当时的中国正处于北洋军阀统治时期，军阀割据、混战不断。而粤系军阀的主要人物之一陈炯明，在肇庆堂建造的这一时期，在广东、福建两地有着广泛的活动，其间与肇庆堂产生了一段历史渊源。

肇庆堂内有两块牌匾特别引人注目。一块是位于正堂家祠上方悬挂的"肇庆堂"堂号牌匾（图3-7），另一块则是悬挂在下堂正上方的黑漆金字"仁登寿域"牌匾，落款为陈炯明。"肇庆堂"牌匾没有落款，但经多位老人确认，该匾额为当时同为粤军的张发奎所题，且为原物。而"仁登寿域"原牌匾在20世纪六七十年代已损毁，现悬挂的匾额为维修下堂时根据旧照片和记忆而复制的。

图3-7 张发奎所题的"肇庆堂"匾额

要厘清肇庆堂与陈炯明、张发奎这两位历史人物的关系，除了杨氏多位前辈的回忆外，通过杨氏族谱的记载也可找到相关线索：杨氏第二十世乃得明娶妻广府陈氏（陈华珍），而陈华珍正是陈炯明的侄女。也就是说，陈炯明的侄女正是这座大宅建造者的内眷，这也就解释了这两块牌匾的由来。

牌匾"肇庆堂"字形结构稳健，每一笔都力透纸背，整体给人一种稳重而不失灵动的感觉，展现出书写者的深厚功底和对笔墨的精准控制，具有极高的审美价值。这块牌匾不仅反映了张发奎在书法艺术上的造诣和对传统文化的热爱，更为肇庆堂增添了一份庄重与典雅。

而"仁登寿域"的牌匾因为原件已损毁，现在的为根据老照片和老人们的回忆复原而成，在一定程度上还原了肇庆堂在人文历史上的完整性。牌匾的复原有助于人们找回对这座建筑及其背后历史文化的记忆。牌匾的内容蕴含着丰富的文化内涵和深远的意义，体现了对仁爱精神的崇尚和追求，对生命价值的尊重和对健康长寿的美好祝愿，是肇庆堂人文历史的重要见证。

第四章

肇庆堂的空间构成、轴线关系、技术与艺术

前堂步口右梁架右狮座

一、肇庆堂总体空间构成

1. 空间结构与轴线关系

传统的客家围屋通常具有相似的空间序列，这与其生活、生产以及传统习俗密切相关。大多数围屋遵循坐北朝南的整体布局，以中心轴线对称分布，形成一条从半月形池塘（月池）开始，经禾坪（用于生产活动）、前堂（大门入口）、中庭、中堂（也称本堂、下堂等）直至神龛（供奉祖宗牌位）和枕屋的贯穿围屋中心的主轴线。这条主轴线不仅是围屋的结构核心，更是整个家族进行主要活动的重要路线。无论是婚丧嫁娶、宾客来访，还是节日庆典等活动，都是沿着这条轴线展开的。

肇庆堂的围屋布局逻辑关系也基本按这些规则，只是大门并没完全按上述传统客家民居的布局设置。肇庆堂用四条主要轴线将中式围屋、西式洋楼、正门三个相对独立的部分统一，并做到了主次有别、中西合璧。较传统民居单轴线及平行主次轴线的布局而言，这样的布局有较强的围合感，也成功地把异质形式的洋楼融进了本土的民居聚落组织。另外，肇庆堂历时四年落成，也很有可能是因为考虑到建造年代的"利"①而造成了主入口、围屋、洋楼分别不同的朝向，从而形成了这样的轴线关系。可见，客家文化千百年来形成的传统礼教精神、尊卑制度、建筑"风水"习俗讲究成为肇庆堂这一客家民居考虑布局形式的重要因素。

肇庆堂主轴线的朝向为坐东北朝西南，将大门设置在主轴线的东侧，禾坪的位置用照壁与下堂围合成为一个前庭，前庭与大门之间通过一个内八角门（斗门）与大门的边庭相通。入口空间的庭院与大门以一个八角半亭（已损毁，现仅恢复为遮风避雨功能亭）相连，这个庭院虽然不大，但却成为入口的一个"玄关"园林。内八角门作为禾坪的斗门，与沿中轴对称采用新艺术运动时期形式的西式斗门遥相呼应，也将中、西元素巧妙地融合在禾坪中，既以利通行，又体现了实用与审美、文化的结合。

肇庆堂的围屋以中轴为统领，受地理位置及其与洋楼共建合为整体的布局的影响，它在轴线起始段就与洋楼的轴线产生了关系。月池由于场地的限制由一条围绕建筑的小溪取代，而传统开敞的禾坪则改为由围屋中线正对的影壁和围墙共同形成

---

① 利：传统的建筑"风水"理念中，年份有适宜建造南北向或者东西向的"利"，这于民间盛行。

封闭的"禾坪",左右两侧的斗门一中一西相映成趣,这是肇庆堂在传统客家围屋基础上的一个个性化处理。围楼和洋楼有统一的空间轴线序列,围屋坐东北朝西南,而西式洋楼沿中轴对称坐西北朝东南布局,两条轴线呈90度角。加上围屋的次轴及大门的朝向轴线,整个建筑群有四条明显的轴线:围屋主轴线、围屋次轴线、洋楼轴线和正门轴线(图4-1)。

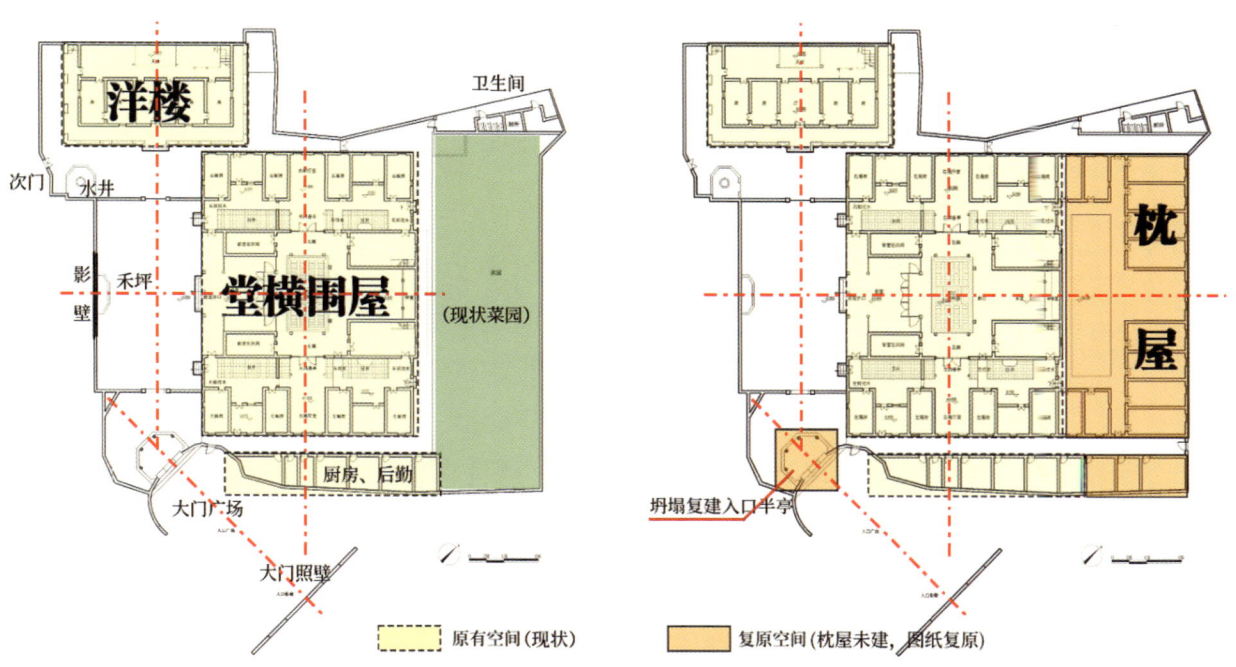

图4-1 肇庆堂建筑格局与轴线关系

(1)围屋主轴线:这是肇庆堂建筑群的核心主轴线,始于前庭院的影壁水池(即禾坪),穿越前堂、中庭、本堂等重要空间,最终止于围屋的祖龛处,并继续延伸至原本规划但尚未建设的枕屋位置(现为菜园)。值得注意的是,这条主轴线与西式洋楼的轴线在前院(禾坪)的中心位置交汇,形成了独特的空间布局。

(2)围屋次轴线:次轴线与主轴线在中庭处垂直相交,随后横穿左右两侧的廊道、四垂亭以及横屋中间的左、右厢厅堂。

(3)洋楼轴线:此轴线与围屋轴线在前庭院垂直相交,并恰好穿越前院的对景八角门。具体来说,"洋楼天井—洋楼厅堂—洋楼大门—庭院西北门—庭院东南门"这一系列空间均位于这条轴线上。通过这种进深关系的巧妙处理,进一步加强了洋楼的轴线关系。有趣的是,这条轴线上还左右对称地穿过了禾坪上的两个斗门,西式柱头门柱与中式园林内的八角门相互对称布置,形成了在同一空间中中西建筑元素共存且相互呼应的有趣镜像。

(4)正门轴线:大门前院、大门、前广场以及照壁共同构成了一条独立的轴线,这条轴线与围屋主轴线之间形成了大约45度的夹角。这条轴线的形成与大门的开启范围有着密切的关系，我们将在后文中详细解释。

这四条相互关联的轴线巧妙地将肇庆堂整个家族建筑群完整地结合在一起。它们既体现了传统中式建筑的中正平衡之美，又展示了顺应地形环境变化而进行的灵活调整，充分反映出建设者在当时大时代背景下，在传统中寻求变革与创新的新思维。

2. 大门

门楼是中国传统建筑的主要立面特征，尤其是那些装饰华丽的入口，又被称作牌楼门。其显著特点是门上带有屋顶结构，多用于祠堂、寺庙等庄重建筑或豪宅之中。起初，门楼的主要功能是遮挡风雨，但随着时代的变迁，它逐渐被赋予了象征身份和地位的深层意义。古语有"宅以门户为冠带"，意指门是户主地位和资历的象征，同时也是历史与文化的载体。肇庆堂的主大门门楼，作为整个建筑的礼仪出入口，在装饰上尽显建造者当时的财富与地位（图4-2）。肇庆堂的围墙主大门采用了六柱五间五楼的牌坊门形式，这在民居建筑中已是极为高等级的门楼做法。装饰上，更是运用了灰塑、彩绘、嵌瓷等精湛工艺，尤其是屋顶的嵌瓷工艺，无论是正脊、戗脊还是垂脊，都铺满了嵌瓷的花卉、草木、鸟类图案，极具装饰艺术价值。正脊采用了卷草脊与燕尾脊相结合的独特设计，不仅美观，还象征着荣耀和地位。燕尾脊在传统客家建筑中，往往是家中有举人才采用的形制，这也充分彰显了

图4-2　肇庆堂大门

肇庆堂主人对文化的高度重视。

　　大门外两侧设置了呈八字形的照壁，这种照壁被称为"反八字影壁"或"撇山影壁"。与此同时，大门轴线向外延伸至广场边沿处，设置了一道内"一"字形的照壁，两者形成了正反呼应的布局。反八字影壁上有丰富多彩的彩绘图案和灰雕装饰，题材涵盖人物、龙凤、花草、松竹、麒麟、狮马、禽鸟等，这些图案组合成各种祥瑞的主题，不仅具有极高的装饰价值，还蕴含着深厚的文化内涵和象征意义，寓意着避邪、祈福以及吉祥如意的美好愿望。早年时，这些彩绘图案还较为清晰，但近年来已逐渐变得模糊，这除了受到岁月和风雨的冲刷外，与附近修建的快速道路带来的污染以及日益增多的游客触摸也不无关系。

　　大门被视为"纳气之口"，其朝向、位置、形状、颜色以及门外环境的布置都至关重要。正确的开门方向与布局被认为能够招财纳福，避免"煞气"侵入，从而确保家族的和谐与兴旺。传统民居大多遵循坐北朝南的原则，一般在三个方向设立大门，即南面、东南面和东面。古代民俗认为这三个方位均十分吉利，称之为"三吉方"。在这三个方位中，东南方被视为最佳方位，民间将位于东南方的门称为"青龙门"。然而，随着人口的增长，民居的建设发生了很大的变化，特别是居住在山区的人们，不得不根据地势来选择宅基地，因此民居的朝向也就不再局限于坐北朝南，而是各个方向都有。尽管如此，人们仍然会尽量将庭院的大门安排在这三个吉利的方向上。

　　肇庆堂的大门朝向颇为独特，由于围屋的主朝向为西南，大门的开启位置并未选择在轴线上，而是巧妙地设置在整个建筑的东南角。同时，大门的开启方向向东旋转，与围屋主轴线形成了约45度的夹角，从而使得正门朝东，形成俗称的"老虎卧"①转斗门②。关于肇庆堂大门旋转角度的原因，据杨家老人回忆，堂屋的轴线延长线原本正对一个山坳，为避免传统居住习俗中认为的这种环境对建筑可能产生的负面影响，古人将大门的方位进行了旋转，以避开对冲；同时，还设置了照壁进行阻挡。在下堂檐梁上，还精心绘制了春秋战国七国争雄、秦王统一中国的彩绘典故，意在强调家族内部应团结与合力，共同抵御外部威胁，从而消除外部环境在心理上对家族造成的负面影响。那么，为何没有直接沿用洋楼的主轴线作为大门的轴线呢？尽管从朝向上看，这是一条东南向的轴线，符合前面提及的开门原则，但实际上并未如此设置。原因主要有两方面：一是这样设置会正对洋楼，形成"对冲"的不利局面；二是轴线的远端是当地的"蛇山"，根据传统观念，此处不宜开门。

---

①老虎卧：当地居民对此种布局方式的称谓，指其形态似老虎躺卧时，头与身体总是呈现的一个角度。

②斗门：出自陆琦编著的《广东民居》第160页。有的围龙屋把门前禾坪周围砌上高高的围墙，在两端各开一个大门，称作"斗门"，形成一个封闭的院子。

因此，大门轴线最终采用了旋转45度后正东向开设大门的设计。同时，在洋楼的山花顶上设置了老鹰雕塑，这或许也是对这一特殊环境的一种回应。由此可见，肇庆堂在建设之初，从大门的开启方位到轴线空间布局，都是在综合考虑多种影响因素后的一个平衡结果。它成功地构建了人与自然、建筑与环境以及本土传统理念与西方建筑之间的和谐统一。

3. 建筑功能布局

肇庆堂采用了堂横屋加枕屋的形式，其主要组成部分包括一座典型的客家围屋和一座西式洋楼。围屋部分严格遵循了传统的客家民居布局，各部分以统一的轴线序列有机地结合在一起，坐东北朝西南，是典型的堂横式围屋，具体为两堂两横的布局。其空间布局严格遵循左右中轴对称的原则，形成了两进院落的四合院形式，充分展现了中式建筑的严谨性和对称美（图4-3）。

在对肇庆堂围屋历史的考究过程中，家中的老人回忆：现在位于围屋最后面的菜园，原本在规划中其实是作为第三进院落的。根据这一说法以及实地现状观察，我们可以推测后菜园应是原计划中用于兴建枕屋的场所（图3-3）。而根据陆琦教授在《广东民居》中所述围屋的枕屋部分①，枕屋是较为集中的居住空间，在必要时可以建设二层或更高以满足家族人员的居住需求（然而，由于经济、人事等种种原因，肇庆堂的枕屋在建造过程中未能完全建成，前述已提及）。老人们还回忆说，当时枕屋的基础部分已经完成。这一点有待我们后续继续深入研究，但围墙的范围确实框定了枕屋的边界。围墙能够完整保留下来，也是杨氏后代在各种历史时期据理力争的结果，这也为我们提供了依据，证明在建造初期就已有规划建造枕屋的打算。

在整体功能布局上，肇庆堂将居住、祭祀、宴客、学堂等主要使用功能沿建筑的主轴线集中布置在"堂、横、洋楼"的空间内。围屋以本堂的家祠为中心，周围的前堂、本堂次间以及左右横屋的厢房均作为居住用途。横屋左右的厢厅则作为会客、聚会的场所。当时，洋楼主要是杨氏子孙学习、读书的场所，居住功能相对次要。厨房及后勤用房则集中布置在堂横屋的北侧一边，而卫生间则远离厨房和主要使用空间，被布置在最为偏远的角落。这样的布置在使用上主次分明，功能分区合理，充分照顾了卫生和隐私的需求。同时，它也回应了岭南地区的气候特点，取得了良好的通风和采光效果。

值得一提的是，作为围屋重要的生活设施之一的水井，其传统位置通常位于横屋天井或枕屋与堂横屋之间的化胎（也称"花头""花胎"）。然而，在肇庆堂这

---

①枕屋：出自陆琦编著的《广东民居》第166页，枕头屋布局与围垅屋布局相似，不同的是将围屋的弧形平面形状改为一字长条形，所以当地俗称"枕头屋"。

图4-3　肇庆堂布局（无人机拍摄）

个中西合璧的建筑中，水井的位置被巧妙地放在了洋楼和围楼的交界处。这样的布局既照顾到了两座建筑的共同使用需求，也再次印证了肇庆堂整体建设理念和中西合璧的建筑格局是始终如一、贯穿始终的。

二、建筑、装饰工艺与材料

肇庆堂的建造技术及材料是与当年的建筑技术发展相适应的。由于有较强大的资金支持，其在技术和材料的运用上代表了那个时代的先进水平。其建筑分为传统中式和近现代西式两种建筑形式，在建造方式上也相应地分为了两大部分：一是沿用了中国传统的砖木结构，采用了包括大木作、小木作、土工砖瓦、石作、装修（木雕、嵌瓷、油漆彩绘、灰塑、铁艺等）以及匾联等工艺；二是洋楼部分采用了20世纪初已在近现代建筑中广泛使用的钢筋混凝土主结构体系。然而，在实际建造过程中，洋楼的建筑工艺中也融入了中式建筑的一些手法。例如，屋顶结合了混凝土平屋面和木构瓦面的双坡顶设计；内、外装饰也加入了琉璃和匾联等元素。围屋中的铁艺窗花、彩色玻璃以及西式的窗檐，都体现了中西建筑的融合。

1. 台基

台基，即地面之上、柱墙之下的基座，是土工、瓦匠与石匠共同协作的成果。无论是围屋还是洋楼，均设有台基，其外围用条石砌筑边缘，中间回填三合土并夯实，面层则铺设水泥石灰砂浆细石混凝土进行找平、找坡处理，并阴刻纹样，最后以红漆罩面。由于当时的水泥为国外进口的舶来品，被称为"红毛泥"，因此这种地面也被称为红毛泥地面。尽管历经百年风雨冲刷和日常使用，其现状依然保持良好，极少出现裂纹或下沉现象，红漆也大多保存完好，足见当年材料与工艺的考究与严谨。而台基的完好也对建筑本体起到了强有力的支撑和保护作用，是肇庆堂整体保存完好的重要基础（图4-4）。

围屋的台阶分为四个标高，从前堂步口开始逐级升高，最高处位于本堂的神龛。具体顺序为：第一级为前堂堂口和前堂，地面高约55厘米；第二级为回廊、四垂亭和过水，地面高约60厘米；第三级为左右厢厅堂与厢房，地面高约65厘米；第四级为本堂廊口，地面

图4-4　肇庆堂的红毛泥地面与台基（李宝华摄）

高约75厘米。另外，中庭、日井、月井等虚空间的地坪比第一级矮约35厘米，但仍高于室外地面，这样既有利于排水，又符合工程技术原理。中国传统建筑遵循后高前低、内高外低、正高偏低的原则，这样的布局能够很好地藏风聚气，便于通风采光，同时也符合在建筑营造上体现尊卑有序、等级分明的传统思想。这些中国传统建筑的原则和习俗在客家民居中得到了广泛的运用和传承。

2. 大木作

大木作可以说是肇庆堂建造技术与装饰艺术完美结合的经典体现，而叠斗式屋架更是肇庆堂围屋大木作中的特色和精髓所在（图4-5、图4-6）。叠斗式结构是在抬梁式结构的基础上发展演变而来的，但两者之间又存在着明显的区别。叠斗式结构的逻辑在于其层叠的斗拱构造与柱子相结合，从受力的角度来看，叠斗斗拱处受到了来自 X 和 Y 两个正交方向的约束，这种设计增强了柱子与梁（樑、通）、檩（檁、桁）与柱子之间的连接稳定性。在感官上，叠斗式结构使得室内空间在垂直方向上呈现出丰富的层次感。叠斗式结构复杂、装饰性强且稳定性好，但由于其用料较大，因此造价也相对较高；相比之下，抬梁式结构则以其结构简洁实用、用料较少而著称。

肇庆堂的叠斗式屋架在结构与装饰上展现出独特的地域融合特征。一方面，作为客家民居，它保留了中原传统建筑的部分特点。另一方面，在肇庆堂的修建历史中，其木工团队由来自潮州和福建的工匠组成，它的木构既受到潮州传统木构建筑的影响，注重装饰的精美与实用性（图4-7）；同时，叠斗式屋架的细节也受到了闽南、台湾传统木构建筑的影响（图4-8、图4-9）。中原、潮州、闽南以及台湾的传统建筑大木构架的营造手法与艺术追求，都对肇庆堂叠斗式屋架的形成产生了不同程度的影响。因此，在后文分析肇庆堂叠斗式屋架时，各部位的称谓结合了潮州、闽南、台湾传统建筑以及《营造法式》中对大木构各部位的名称，并以潮州传统建筑中各部位的名称为主进行介绍（图4-10、图4-11）。

肇庆堂的叠斗式屋架主要位于前堂、本堂廊口及横屋与堂屋间的四垂亭屋架。以本堂为例，大木匠掌墨在传统建筑的尺度下合理布置柱、樑（通、梁）、檩（檁）等木造结构，根据建筑高度确立前四架檩、后五架檩位置，并在下方立金柱，柱子上托住檩。前堂的屋架较为复杂，首先以三架檩投影点定位，在大樑（大通）上设置木瓜（瓜柱），再在木瓜上放置斗拱托住二樑（二通），然后以同样的手法完成二架檩、三樑（三通）、子孙梁（垂栋梁）、中檩（脊檩）的设置和定位。斗与拱交互组合支撑樑、檩，并在三樑中央顶上置木瓜，同以斗交叠支撑中檩、子孙梁（垂栋梁），从而完成叠斗梁架的基本构型。同时，在相邻叠斗之间添加弯板（束木）、花块（束随）、出头（束尾、束草）、雀替（插角）等横向辅助构件及装饰（图4-12～图4-16）。

图4-5 前堂右梁架

图4-6 前堂左梁架

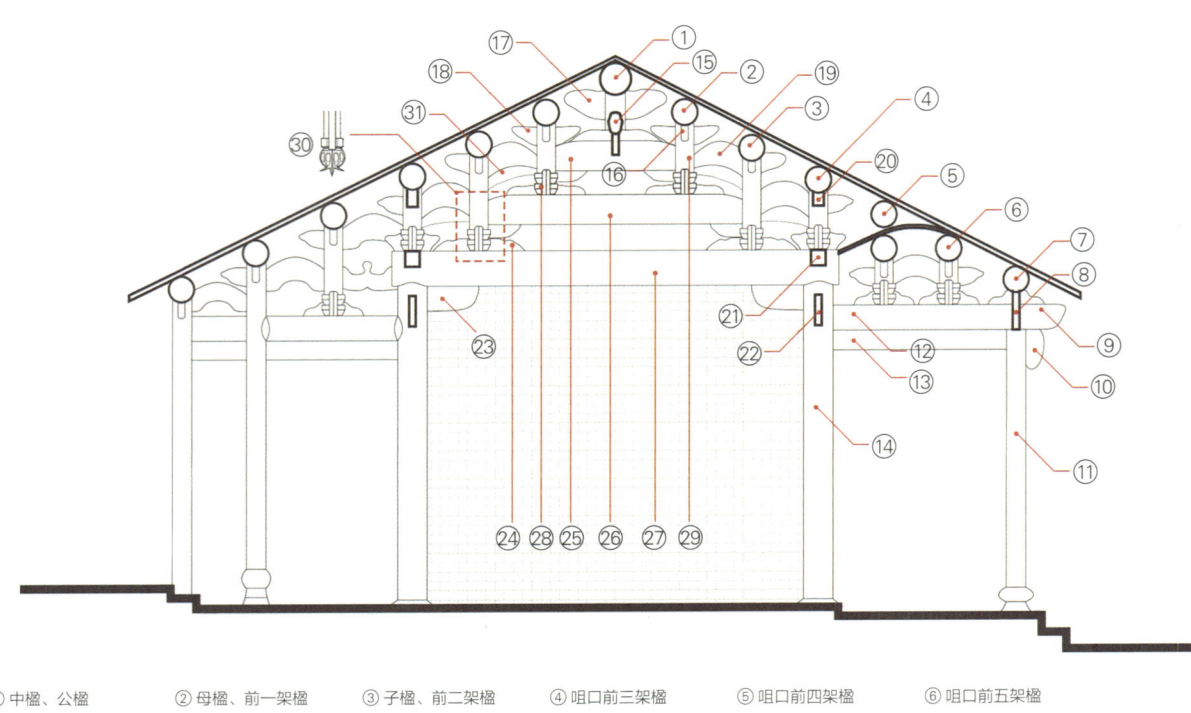

① 中檩、公檩　　② 母檩、前一架檩　　③ 子檩、前二架檩　　④ 咀口前三架檩　　⑤ 咀口前四架檩　　⑥ 咀口前五架檩
⑦ 咀口檩　　⑧ 垂花吊挂、贴檩吊挂　　⑨ 龙头、展头　　⑩ 挂瓶、悬胆（横向大于竖向称雀替）　　⑪ 喷水柱、滴水柱
⑫ 咀口楄　　⑬ 檩腹　　⑭ 金柱、点金柱　　⑮ 子孙梁　　⑯ 檩条雀替　　⑰ 中檩出头、桁母抱花
⑱ 出头　　⑲ 弯板、拱板　　⑳ 下风条　贴檩条　　㉑ 水平撑、牵檩　　㉒ 楣　　㉓ 雀替
㉔ 靠口　　㉕ 三楄　　㉖ 二楄　　㉗ 大楄、金梁　　㉘ 筒斗托　　㉙ 斗立筒
㉚ 木瓜　　㉛ 花块、花坯

图4-7　潮州传统建筑大木构架各部位称谓（根据李哲扬《潮州传统建筑大木构架》重绘）

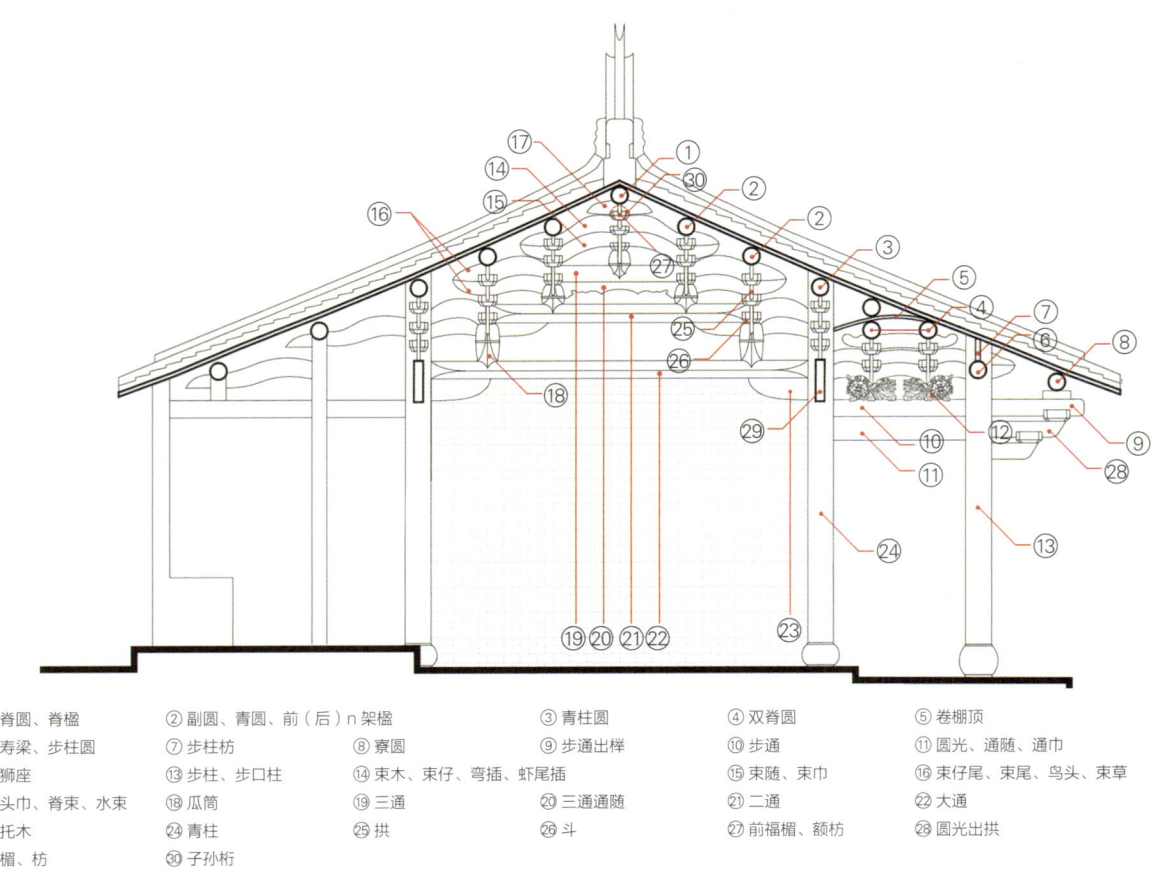

① 脊圆、脊檩　　② 副圆、青圆、前（后）n架檩　　③ 青柱圆　　④ 双脊圆　　⑤ 卷棚顶
⑥ 寿梁、步柱圆　　⑦ 步柱枋　　⑧ 寮圆　　⑨ 步通出榫　　⑩ 步通　　⑪ 圆光、通随、通巾
⑫ 狮座　　⑬ 步柱、步口柱　　⑭ 束木、束仔、弯插、虾尾插　　⑮ 束随、束巾　　⑯ 束仔斗、束尾、鸟头、束草
⑰ 头巾、脊束、水束　　⑱ 瓜筒　　⑲ 三通　　⑳ 三通通随　　㉑ 二通　　㉒ 大通
㉓ 托木　　㉔ 青柱　　㉕ 拱　　㉖ 斗　　㉗ 前福楣、额枋　　㉙ 圆光出拱
㉙ 楣、枋　　㉚ 子孙桁

图4-8　闽南传统建筑大木构架各部位称谓（根据曹春平《闽南传统建筑》重绘）

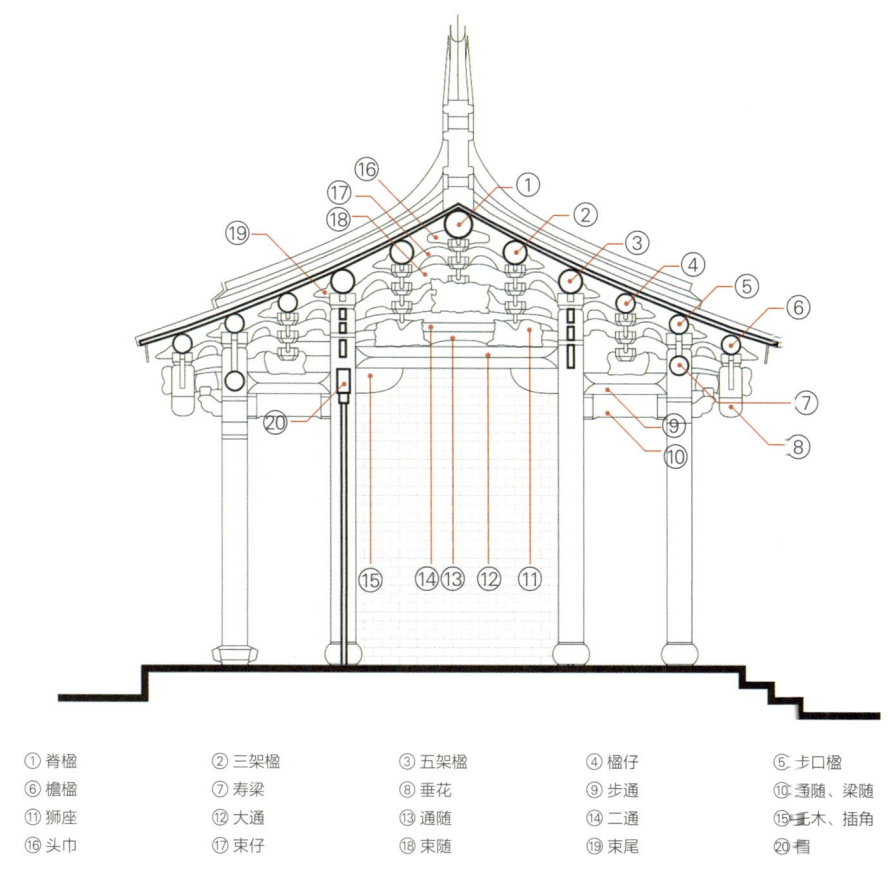

①脊檩	②三架檩	③五架檩	④檩仔	⑤步口檩
⑥檐檩	⑦寿梁	⑧垂花	⑨步通	⑩弯随、梁随
⑪狮座	⑫大通	⑬通随	⑭二通	⑮垂木、插角
⑯头巾	⑰束仔	⑱束随	⑲束尾	⑳眉

图4-9 台湾传统建筑大木构架各部位称谓（根据林会承《新竹县北埔姜氏家庙彩绘记录》重绘）

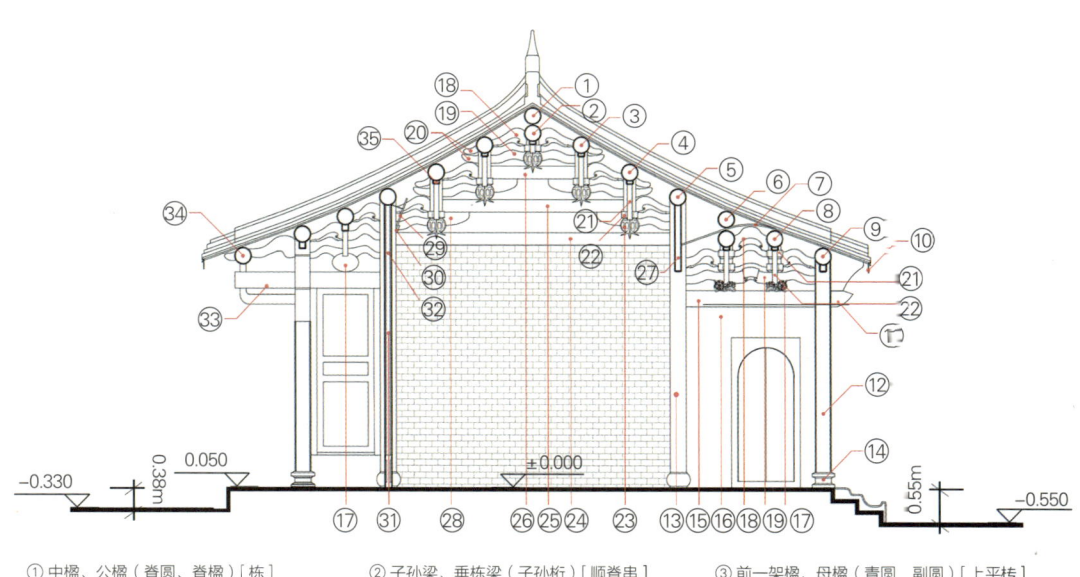

①中檩、公檩（脊圆、脊檩）[栋]	②子孙梁、垂栋梁（子孙桁）[顺脊串]	③前一架檩、母檩（青圆 副圆）[上平抟]
④前二架檩、子檩（青圆、副圆）[平抟]	⑤咀口前三架檩（青柱圆）[平抟]	⑥咀口前四架檩（圆仔）[平抟]
⑦卷棚顶（卷棚顶）	⑧咀口前五架檩（圆仔）[平抟]	⑨咀口檩（步柱圆）[檐枋]
⑩檐板（掩板、封檐板）[封檐板]	⑪屐头（通屐）	⑫喷水柱（步柱）[檐柱]
⑬金柱（青柱）[内柱]	⑭柱珠、柱底座（柱珠）[柱础]	⑮咀口檩（步通）
⑯檩腹（圆光、通随）[顺袱串]	⑰筒斗托、狮座（狮座）[驼峰]	⑱弯板、拱板（水束、束木）[箭牵]
⑲花块、花坯（束随）	⑳出头（束尾、束草）[耍头、爵头]	㉑斗（斗）[斗]
㉒拱、托（拱）[拱]	㉓木瓜（瓜筒、瓜柱）[侏儒柱]	㉔金梁、大楗（大通）[江南称大梁]
㉕二楗（二通）	㉖三楗（三通）	㉗福楣（楣）[内额]
㉘雀替（插角、托木）[绰幕]	㉙堂匾	㉚匾托
㉛隔扇门	㉜门楣（大楣）	㉝拱状出柱屐头（步通出梓）
㉞咀口檩（寮圆）[檐枋]	㉟檩条雀替（鸡舌拱）[替木]	

（※）闽南　[※]营造法式

图4-10 肇庆堂前堂剖面图

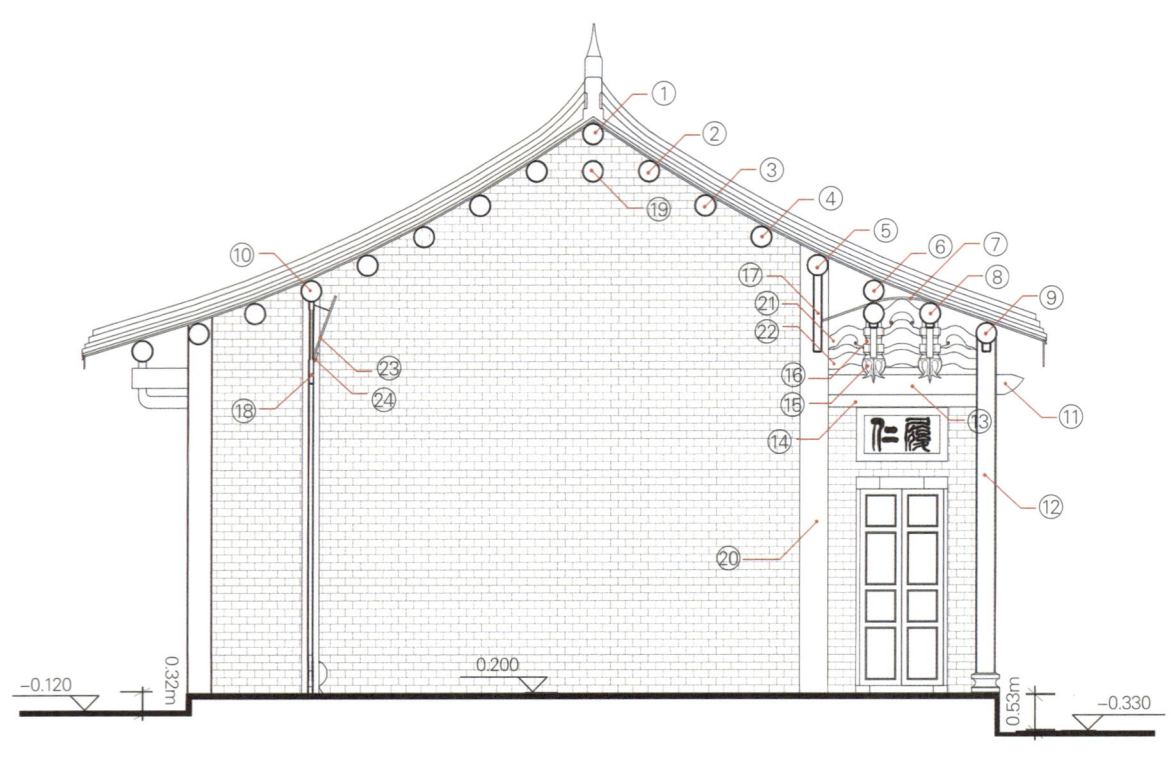

① 中檩　　　　② 一架檩　　　　③ 二架檩　　　　④ 三架檩　　　　⑤ 咀口前四架檩　　⑥ 咀口前五架檩
⑦ 卷棚顶　　　⑧ 咀口前六架檩　⑨ 咀口檩　　　　⑩ 后五架檩　　　⑪ 展头　　　　　　⑫ 喷水柱
⑬ 檩　　　　　⑭ 檩腹　　　　　⑮ 木瓜　　　　　⑯ 斗、拱　　　　⑰ 福楣　　　　　　⑱ 后福楣
⑲ 子孙梁　　　⑳ 金柱　　　　　㉑ 弯板　　　　　㉒ 花块　　　　　㉓ 堂匾　　　　　　㉔ 匾托

图4-11　肇庆堂本堂剖面图

图4-12　前堂檐廊右梁架

图4-13　前堂梁架局部

图4-14 前堂梁架木瓜

图4-15 前堂檐廊左梁架

051

图4-16 前堂步口左梁架

第四章 肇庆堂的空间构成、轴线关系、技术与艺术

步口的叠斗构造相对简单，仅仅起到在咀口楄（步通）上支撑檩的作用，但在楄连接的点上用狮座代替了木瓜，而这部分的梁架装饰也成为整个建筑群木雕的点睛之笔，其雕刻精美，采用鎏金装饰技艺，是潮州鎏金木雕的精品佳作（图4-17）。

叠斗式梁架的精华之处，当属立于楄之上的"瓜柱"（又称童柱）。瓜柱的主要功能是支撑上层檐或平座支柱，将上层楄所承受的重量传递至下层楄，从而确保建筑的稳固与安全。在叠斗式梁架体系中，瓜柱不仅扮演着至关重要的竖向受力构件角色，同时也是一种蕴含着独特艺术魅力的木构架构件，成了工匠们展示技艺与审美情趣的重要载体。肇庆堂的瓜柱形体饱满圆润，雕刻手法生动立体，彩绘色彩丰富且层次分明，重点部位的装饰更是起到了画龙点睛的妙用。

叠斗式梁架在明清时期，尤其是在清中后

图4-17　前堂步口梁架鎏金木雕装饰

第四章 肇庆堂的空间构成、轴线关系、技术与艺术

图4-18 本堂廊口左梁架

期的潮汕、梅州地区得到了广泛的应用,主要分布在大埔和丰顺等地。在清末的建筑中,叠斗式梁架常被用于会馆、公祠等重要且等级较高的公共建筑中。作为等级高、装饰性强的构架形式,叠斗式梁架在梅州地区的民居中很少被整栋采用。为了彰显家族的显赫地位和雄厚财力,人们通常会在建筑的局部位置使用叠斗式梁架,如各厅堂的前廊、步口等位置,且多数会与卷棚结构相结合。而肇庆堂作为一所民居,其前堂整栋梁架竟采用了装饰性和艺术性极高的叠斗式,这种做法在民居建筑中实属罕见(图4-5、图4-6、图4-18~图4-21)。

图4-19 本堂廊口右梁架

图4-20 本堂廊口左梁架侧视

图4-21 本堂廊口右梁架侧视

3. 木雕（小木作）

肇庆堂最为自豪的"四雕一画"中，木雕无疑是最为耀眼的明珠。前文已述，肇庆堂的木雕是潮州金漆木雕的典型代表，这一传统技艺源自唐宋时期，以樟木为主要原料。樟木因其不易蛀蚀的特性，非常适合雕刻并能长久保存。而围绕中庭的十二扇通高屏风门，则采用珍贵的金丝楠木精心雕刻而成。木材的选择也是肇庆堂众多木雕作品能够得以完好保存的重要原因之一。

在雕刻形式上，肇庆堂的木雕作品涵盖了沉雕（阴刻）、浮雕（包括浅浮雕和高浮雕）、圆雕（立体木雕）以及通雕（透雕，特别是多层镂空通雕）等多种技法。其中，多层镂空通雕以其精湛的技艺和独特的艺术魅力，最能体现潮州木雕的高超水平和鲜明特色，也是肇庆堂内最令人叹为观止的木雕作品。据杨氏前辈回忆，当年在计算木雕师傅的工钱时，采用了一种非常独特的方式：以雕刻出来的木料重量为参照物进行计费。这种方式极大地激发了雕刻工匠们的积极性和创造力，使得肇庆堂内留下了大量精美的金漆木雕作品。这些作品无论是人物的神态、动物的形态，还是服饰的纹理、花卉的瓣叶，都被刻画得栩栩如生，令人赞叹不已。完成雕刻后，这些木雕作品还需经过髹漆工艺的处理，包括"填料""上漆"和"贴金"三道精细工序。这一系列的工艺处理使得木雕作品呈现出金碧辉煌的艺术效果，更加彰显了肇庆堂高贵典雅的气质。

图4-22 雀替、花块木雕

肇庆堂围屋中最为精彩的木雕作品主要集中在沿中轴线展开的主空间内，如厅、堂、廊的梁架、屏风门等位置。这些木雕作品与彩绘漆画相结合，题材广泛，多以祥兽、花鸟草木为主，寓意着吉祥、富贵、长寿等美好愿景。这些精美的木雕作品不仅为肇庆堂增添了浓厚的文化氛围和艺术气息，也成为后人研究和欣赏潮州金漆木雕艺术的重要实物资料（图4-22～图4-28）。

图4-23　前堂步口木雕狮座

图4-24 本堂廊口鎏金木雕槛腹

061

图4-25 左右廊木雕雀替、出头和展头

图4-26 左右廊木瓜桐、弯板、花块

图4-27 前堂木雕屏风门

第四章 肇庆堂的空间构成、轴线关系、技术与艺术

图4-28 梁架木雕细部构件

4. 嵌瓷

嵌瓷，这一融合了绘画与雕塑之美的艺术形式，以专门烧制的彩釉瓷片为材料，通过精细的粘嵌工艺，塑造出人物、花卉、飞禽走兽等栩栩如生的艺术造型。这些作品不仅色彩鲜艳、形象生动，而且蕴含着颂扬正气、趋利避害、祈求福祉等深刻寓意。

肇庆堂，作为百侯镇屈指可数的几座使用嵌瓷建筑装饰技艺的民居之一，展现了其独特的艺术魅力和文化底蕴。肇庆堂在制作嵌瓷的过程中，由于需要大量的各色瓷片，而当时并没有合适的货源，便专门从江西请来技艺高超的师傅，自建窑厂烧制瓷片，从而解决了嵌瓷所需的原材料问题。大宅落成后，这座瓷窑继续发挥着重要作用，不仅为嵌瓷作品提供了优质的原材料，还烧制了大量日常使用的餐具。至今，我们仍能在肇庆堂中见到印有"肇庆堂自置"字样的碗盘餐具，这些珍贵的遗物成为肇庆堂自建窑厂、致力于嵌瓷艺术的有力证明（图4-29）。在百侯镇近200座现存的、保护程度各异的古民居中，肇庆堂以其大量且精美的嵌瓷作品脱颖而出。这份对嵌瓷艺术的执着追求，不仅让肇庆堂在古民居中独树一帜，更彰显了屋主对潮汕地方传统手工技艺和建筑艺术的深厚热爱和崇高敬意。

肇庆堂现存的嵌瓷装饰，主要集中在围屋的屋顶区域，特别是大门和前堂的屋顶大脊、垂脊、檐口以及瓦当等关键部位。这些位置常年暴露在自然环境中，经受着风吹日晒雨淋的严峻考验。然而，嵌瓷以其卓越的耐候性，成功抵御了岁月的侵蚀，因此我们至今仍能欣赏到其光彩照人、历久弥新的装饰效果。然而，令人遗憾的是，作为整座建筑最高等级的本堂大脊上的嵌瓷，如今已损毁严重，仅留下斑驳的拼贴痕迹。不难想象，昔日的本堂大脊上的嵌瓷，定是全屋最为精彩、最为耀眼的艺术珍品。这一损失无疑给肇庆堂的整体艺术价值留下了一抹遗憾，希望日后的修复能恢复昔日的风采（图4-30~图4-33）。

图4-29 肇庆堂自制瓷器

图4-30 梁架嵌瓷

图4-31 屋脊嵌瓷细部

图4-32 屋脊脊尾嵌瓷细部

5. 灰塑

灰塑，又称"灰批"，是我国岭南地区流行的一种传统雕塑艺术。它起源于唐宋时期的江南地区，至明清及20世纪初在岭南地区盛行。肇庆堂的灰塑作品遍布整个建筑群，无论是古朴的围屋还是现代的洋楼，都能见到不同类型的灰塑艺术。

灰塑的材料主要包括石灰、稻草、玉扣纸、草根灰、纸筋和色灰等。这些材料经过红糖和糯米粉的搅拌、密封并发酵后，被制作成草根灰、纸筋灰和色灰三种灰浆类型。随后，工匠们利用这些灰浆进行塑形，创作出精美的灰塑作品。

肇庆堂的灰塑作品主要包括以下几种类型：

半浮雕：主要应用于围屋的屋面脊兽及装饰部分，展现出细腻而富有层次的艺术效果。

浅浮雕：常见于洋楼及围屋的线条、博古纹、浮花或简单的花边，主要装饰在建筑檐口等位置（图4-33）。这些浅浮雕线条流畅，图案精美，为建筑增添了艺术气息。

高浮雕：是肇庆堂灰塑作品中最精彩的部分，主要表现山、水、花、鸟、走兽和人物等题材。它们作为装饰被广泛应用于洋楼的柱身、墙身、窗檐等位置。这些高浮雕作品层次分明、形态生动，是肇庆堂建筑群中的一大亮点。

圆雕：主要用于全屋的排水口、落水管柱子等位置。这些圆雕作品造型讲究立体感，形态逼真，为建筑增添了生动与活力（图4-34、图4-35）。

图4-33 堂横屋垂脊嵌瓷和灰塑

图4-34 灰塑鳌鱼状落水口

图4-35 灰塑荷叶落水管

通雕：又称透雕，因其独特的前后两面均可观赏的特点而备受瞩目。其造型精致细腻，展现了高超的雕刻技艺。在肇庆堂中，通雕作品主要应用于洋楼的山花部分以及围屋屋脊的"卷草龙饰"位置。但这类作品保存难度较大，容易被雨水、雷电损坏，目前的洋楼山花就是修复的复制品，而围屋屋脊上的卷草龙饰也损毁较为严重，亟待修复（图4-36、图4-37）。肇庆堂整个建筑群大量巧妙地运用灰塑，通过精湛的雕刻技艺将建筑的文化内涵以及历史与现代、中西文化的交融展现得淋漓尽致，也使肇庆堂成为展示传统文化和艺术魅力的重要建筑精品（图4-38）。

图4-36 屋脊卷草龙饰

图4-37 洋楼灰塑山花、钟塔

第四章 肇庆堂的空间构成、轴线关系、技术与艺术

图4-38 前堂步口梁架灰塑、彩绘、嵌瓷

图4-39 前堂前福楣彩画

6. 彩绘（漆画）

精美的彩绘是肇庆堂洋楼和围屋重要的建筑艺术组成部分。在洋楼中彩绘主要与墙身、柱身的灰塑相结合；在围屋中则全面应用于砖、木、梁、楣、托木、檩木等重要部位。内容多为历史故事、当时的现实题材、花鸟虫鱼、吉兽祥云等。在本堂部分，主要描绘的是《封神榜》的故事；两边左右廊的则是《三国演义》《西厢记》等传统故事，中间也穿插了民国时期的现实题材。前堂正对禾坪的屏风门楣上，是一幅通长的艺术价值极高的彩绘漆画，描绘的是春秋战国时期七国争雄，最终秦一统天下的故事。该绘画布局严谨、人物众多、色彩鲜艳、用笔流畅，展现出绘画者高超的绘画技巧，是建筑彩画中的精品。类似高水平的作品还包括"三阳开泰""百鸟朝凤"等。穿插在这些大作之间的插画生动有趣，大多是"年年有余""花开富贵""雄鸡报晓"等蕴含吉祥祝福或吉祥纹样的彩画。而在这些彩画中，有意思的是，还有反映时政的绘画，洋枪洋炮、电话等舶来品也出现在彩绘之中（图4-39～图4-44）。

图4-40　前堂正对禾坪的屏风门楣"七国争雄"彩绘漆画

图4-41　前堂梁架大橄《三国演义》彩绘漆画

图4-42　前堂屏风门面向中庭侧门楣"百鸟朝凤"彩绘漆画

图4-43 本堂前福楣彩绘漆画

图4-44　左横屋隔扇门门楣彩绘漆画

我们在对与肇庆堂同期建造且风格相似的建筑——台湾新竹县北埔姜氏家庙的彩绘进行研究时发现，该家庙的彩绘是由广东大埔的邱玉坡（大埔县横溪村客家人，生于1874年，卒于1927年至1930年之间）父子所做。从建造时间来看，姜氏家庙建于1920—1924年，这是在肇庆堂（建于1914—1917年）之后。从时间的延续性以及彩绘风格的相似度分析，肇庆堂的彩绘极有可能也是出自同一批工匠之手（图4-45、图4-46）。

邱氏宗谱中对玉坡的描述如下：玉坡公，为人慈善，重视公德，擅长书法，精通油画。综合比对后，我们可以大致推断肇庆堂的彩绘极有可能出自邱玉坡师徒之手（图4-47、图4-48）。

图4-45　新竹县北埔姜氏家庙彩绘记录（源自《新竹县北埔姜氏家庙彩绘记录》）

图4-46　肇庆堂彩绘与新竹县姜氏家庙彩绘对比（左侧为肇庆堂彩绘、右侧为姜氏家庙彩绘）

图4-47　疑似邱玉坡手稿（源自《新竹县北埔姜氏家庙彩绘记录》）

图4-48　邱玉坡像（源自《新竹县北埔姜氏家庙彩绘记录》）

7. 匾联

匾联是肇庆堂重要的文化载体，它们遍布于建筑的各个角落。从大门牌坊上的"敬祖千秋盛，修德万代传""敬修衍庆"等对联开始，这些匾联便与屋主父辈的名号相呼应，彰显出家族对中华传统家庭礼教的尊崇以及对后世文化传承教育的重视。面向堂横式围屋的正入口，左右横屋入口的门头上分别塑有"毓桂"与"培兰"的匾额（图4-49），这两个词汇源自古语"培兰毓桂，骑凤乘龙"，均蕴含着丰富的文化内涵和象征意义。在"毓桂"中，"毓"字寓意生育、养育与孕育，而"桂"则被视为祥瑞之兆，同时也寓意着子孙后代仕途昌达、尊荣显贵。而在"培兰"中，"培"字表示培养、增益与增添，寓意着培育人才；"兰"则象征着优雅、高贵与香气浓郁，代表着德才兼备的人才。这里寄托着对从横屋走出的子孙能够拥有美好品德与才华的期望，希望他们能够成为风度翩翩、德才兼备的君子。"毓桂"与"培兰"不仅体现了对美好品质和才华的赞美与追求，更承载着对后人成长与进步的深切期许。这种美好的意愿在围屋与堂屋之间的拱门上也得到了体现，拱门的门头上就题写着"蹈义"与"履仁"的字样（图4-50）。这些匾额在内涵与寓意上都彰显了对中国传统文化的重视，以及对崇高道德品质的追求，期望后人在日常生活中能够遵循这些重要的行为准则。

图4-49　左右横屋匾额

图4-50　"蹈义""履仁"匾额

步入堂横屋的前堂步口，左侧梁架中的花块上镶嵌着木雕书卷，其上书有："笔下文章□北斗，家藏万卷书"。中间原本的文字已剥落损坏，经笔者多方比对与访谈，断定该字早年已难以辨认，但根据留下的笔迹及推测，应补全为"灿"，即完整的句子为："笔下文章灿北斗，家藏万卷书"（图4-51）。这表达了祖先希望后代及整个家族能够知书达理，学贯中西，成为书香门第的美好愿景。在肇庆堂内，类似这样的字画诗词随处可见。

本堂两侧的石柱上雕刻着一副长联："坐镇甲方，甲木长荣垂福荫；向临庚位，庚星高照耀文明"（图4-52）。这副对联不仅指明了肇庆堂的方位朝向，还巧妙地运用了藏尾的手法，将建造者二兄弟的名字融入其中（福荫的"荫"暗指杨荫恒，文明的"明"暗指杨得明），以此作为纪念。古语有云，甲方为东，庚位为西，即肇庆堂坐东朝西。将这副对联刻在家祠本堂前，还寓意着告诫子孙不骄不躁，保持谦逊，成为造福后代的谦谦君子。

图4-51　前堂步口左梁架花块木雕书卷

图4-52 正堂石柱对联

图4-53 前堂与中庭之间隔扇门雕刻"福、缘、善、庆"

位于前堂与中庭之间以及中庭的十二扇通高隔扇门（即前面提到的被盗抢的十二扇屏风门）的中门上，刻有"福、缘、善、庆"的家训（图4-53）。这四个字出自南朝梁代周兴嗣的《千字文》，原文为："空谷传声，虚堂习听。祸因恶积，福缘善庆。"此外，明代汤显祖的《还魂记·道觋》中也有提及："看修行似福缘善庆，论因果是祸因恶积。"将这四个字作为家训置于中轴线入口，意在教导进出肇庆堂的后人：福气和好运是源于持续的善举和积德的行为。通过行善积德，可以为自己和他人带来福报，善行的累积能够提升个人的道德境界，从而为自己创造美好的生活。

而分列于中门两侧的隔扇门上，则刻有"忠、孝、廉、节"四个字，这四个字分别取自《论语》《尚书》和《韩非子》等中国传统经典，代表了中国传统礼教的核心价值观。它们相互关联、相互补充，共同构成了一个完整的道德体系。这些字被铭刻在这里，并面向祖先牌位，意在将这一家国道德体系及文化价值观传递给后代。它们告诫子孙要做正直、忠孝、廉洁的正人君子，以传承和弘扬中华民族的优良传统（见图4-54）。

图4-54 前堂与中庭之间隔扇门雕刻"忠、孝、廉、节"

不仅肇庆堂的中式围屋有匾联（图4-55），在洋楼也藏着一副对联："鱼跃鸢飞分上下，天光云影共徘徊""静观自淂①"（图4-56）。这副对联可谓意味深远，因为杨氏家族早期建设的洋楼就是作为子孙读书学习的场所。而这副对联正是要告诫学子，顺应自然、尊重自然、遵循自然的规律，在追求知识和智慧的过程中不断探索、思考，不断成长和进步，以平常心对待世间万物从而完成自我的修炼，成就自我。这就是对后辈学子的训诫与期望。

图4-55　本堂福楣诗词

图4-56　洋楼天井对联

---

① 静观自淂（de）：淂（de），古同"得"。此联出自北宋诗人程颢的《秋日偶成》。全诗为："闲来无事不从容，睡觉东窗日已红。万物静观皆自得，四时佳兴与人同。道通天地有形外，思入风云变态中。富贵不淫贫贱乐，男儿到此是豪雄。"在这首诗中，"万物静观皆自得"一句深刻体现了诗人通过观察自然万物，达到内心宁静与满足的哲学思考。

肇庆堂除了这些匾联（表4-1），还有很多精美的雕刻、彩绘中夹藏很多名人名句，以及历史、现实题材的书画作品，多是教导人要有行善向上、忠义谦卑、正直不阿等良好品德行为，在后续装饰艺术细节讨论中会详细罗列。

表4-1 肇庆堂匾联内容一览表

空间	位置	内容	落款	朝向
大门	大门上联	敬祖千秋盛	—	外（东北）
	大门下联	修德万代传	—	
	大门横批	敬修衍庆	—	
前堂	堂匾	仁登寿域	陈炯明	西南
本堂	上联	坐镇甲方甲木长荣垂福荫	—	外（西南）
	下联	向临庚位庚星高照耀文明	—	
	堂匾	肇庆堂		
左横屋	西南侧屋门上联	一水护田将绿绕	—	外（西南）
	西南侧屋门下联	两山排闼送青来	—	
	西南侧屋门屋匾	毓桂	—	
	拱门门匾	左通	—	西南
	左过水门门匾	履仁	—	西北
右横屋	西南侧屋门上联	石磴长流千古庵	—	外（西南）
	西南侧屋门下联	桃花连映四时春	—	
	西南侧屋门屋匾	培兰	—	
	拱门门匾	右达	—	西南
	右过水门门匾	蹈义	—	东北
洋楼	洋楼天井上联	鱼跃鸢飞分上下	—	内
	洋楼天井下联	天光云影共徘徊	—	
	洋楼天井横批	静观自得	—	

8. 石雕

石材是整座建筑重要的建筑和装饰材料，石雕主要用在结构柱和基础台基部分（图4-57）。相对其他几种建造技艺，石雕建造占比较小，但却是最基础的支撑。石雕师傅主要来自福建地区。

图4-57 肇庆堂柱珠（柱础）石雕

9. 给排水及消防

前面我们谈到了客家民居的一个显著特点，即它是内向型的、自给自足的家族空间。那么，这样的客家围屋如何解决用水这一生产、生活必需资源的问题呢？在过去没有城镇系统供水的条件下，寻找水源地成了择地建宅的重要考量因素。客家围屋的给水系统大致可分为宅前的月池、堂屋与横屋间的日井或月井的水池以及专门的饮用水井等，同时，有条件的围屋会尽可能靠近河、溪、涧等流动水源。肇庆堂由于地形所限，未能在前方设置大型的月池。但早年时，宅前有一大一小两条溪流，足以满足日常用水需求，这两条溪流也曾经是孩童们游玩嬉戏的乐园。在围屋中，水井是必不可少的设施，尤其当有外来因素导致围屋封闭时，水井就成为基本生活的保障。肇庆堂的水井因洋楼的存在，被特别设置在洋楼和围屋之间，而非按照传统方式布置在化胎或日井、月井内，这样布置使得水井更靠近居住空间，便于取水（图4-58）。

图4-58 肇庆堂水井（左图陈玉庆、郁琳摄，右图李宝华摄）

大多数客家围屋采用砖木结构,火灾风险较大,因此,消防用水显得尤为重要。通常,这些消防用水被储存在各个日井、月井中的水池里,以备应急之需。肇庆堂除了这些常规设置外,还在禾坪中央的影壁处增设了一个水池。这一设计既回应了传统围屋前有水的习俗,也为前堂在发生火灾时提供了应急消防水源。

肇庆堂的排水系统在设计之初就进行了全面规划,与现代排水系统的设计理念不谋而合。场地的高差设计采用了中间高、两边低的布局,室内设置高台,室外则采用散水做法。洋楼的屋顶排水和二楼的日常排水均采用有组织排水方式,通过落水管排入中庭天井,再流出室外。围屋的坡顶瓦面则结合了自由落水与组织排水两种方式。中庭四周的坡屋顶均朝向中庭,将雨水汇入中庭并排出。屋角的鳌形雨水口设计精巧,将水汇于中庭中央的铜钱石刻上,寓意"四水归堂、聚水为财、天人合一、和谐共生"。这些鳌形雨水口不仅是精美的工艺品,在中国传统文化中,鳌还象征着吉祥、力量和长寿,同时也寓意着独占鳌头(图4-59、图4-60)。

图4-59　肇庆堂排水设计

图4-60 鳌形雨水口

前堂檐廊左梁架公蟹檩托

第五章

中西建筑、装饰、文化的融合

DIWUZHANG

肇慶堂

一、多元文化背景

　　肇庆堂建于20世纪初，正值北洋军阀统治时期。1911年辛亥革命后，清朝统治被推翻，民国得以建立。随后，袁世凯称帝，建立起北洋军阀政府。这一时期，社会政治动荡不安，军阀之间混战频繁，国家处于半殖民地半封建的艰难境地。不过，在经济上，民族工业在外国资本主义和本国封建势力的双重夹击下，仍取得了一定的发展。思想领域则兴起了新文化运动等思潮，对传统文化和封建思想产生了强烈的冲击。文化艺术领域处于新旧交替、中西交融的复杂阶段。随着中西文化交流的日益加强，西方艺术和文化逐渐传入中国，对中国传统艺术和文化产生了深远的影响。一批青年艺术家远赴欧美学习西洋艺术，试图将西方文化与中国艺术相结合，创造新的艺术风格和流派。

　　20世纪初，西方建筑艺术呈现出多元发展和创新的趋势。其中，美术学院派的风格融合了古典与现代的艺术元素，强调对称与细节的极致追求。新艺术运动也在欧洲兴起，主张以新的装饰纹样取代旧的程式化图案，从植物形象中提取造型素材，大量采用自由连续弯绕的曲线和曲面，形成特有的动感造型风格。

　　随着钢筋混凝土技术在这一时期的推广和应用，建筑师们开始探索这种新材料在建筑艺术造型中的表现力。同时，水泥、玻璃等新型建筑材料也逐渐被应用于建筑中，为建筑设计提供了更多的可能性，推动了建筑艺术的创新。

　　肇庆堂的建造资金来源于潮汕地区乃至广府、香港等地，这些地区是当时中国受外来经济、文化影响最为深远和广泛的区域，外来的建筑艺术和技术同样深刻地影响着这一地区的建筑风貌。骑楼就是其中的典型代表，此外还有一大批西式和中西合璧的建筑，肇庆堂便是其中之一。

　　百侯历史上重视文化教育，客家传统的中原文化及宗族观念促生了百侯在民居建设中重礼教、讲秩序、艺术与人文并存的大格局。如今百侯留下近二百座传统民居，虽然部分在不同程度上有所损毁，但能够历经百多年历史仍然成规模地以聚落的形式存在，这在我国砖木结构民居村镇级聚落中也是极具特色的。肇庆堂正是在这样的历史环境和多元文化的影响下建造的，也因此成为百侯这个传统民居聚落中具有极高人文、艺术价值的典型案例。

二、西方建筑艺术、技术的影响

前面我们提到，梅州是著名的侨乡。早在清末民初，大量大埔乡亲远赴南洋，出海谋生，使得百侯成为粤东北山区著名的经济中心。经济条件的改善极大地推动了百侯的建设，梅潭河两岸修建了数百米的西式骑楼街，这充分表明当时百侯这个传统客家聚集地已经具备了接受多元文化的思想基础。

正是在这样的大时代背景下，肇庆堂萌生了建设西式洋楼的计划。肇庆堂的西式洋楼从外观上看，可以说是一座欧洲古典建筑的复刻版，具有典型的西方古典建筑特征和造型元素（图5-1）。其外廊采用了连续的拱廊设计，既展现了欧洲古典建筑的标志性特征，又借鉴了东南亚骑楼的实用性空间。建筑立面强调梁、柱、拱的相互关系，以及各个部位装饰、线脚的比例协调。整体风格中带有洛可可时期建

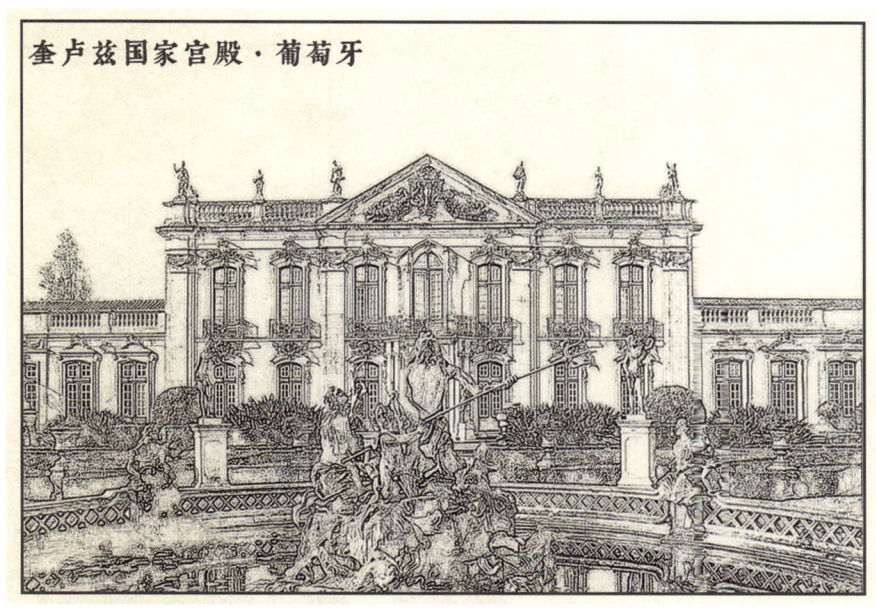

图5-1　奎卢兹国家宫殿与肇庆堂洋楼对比（左图郁琳绘）

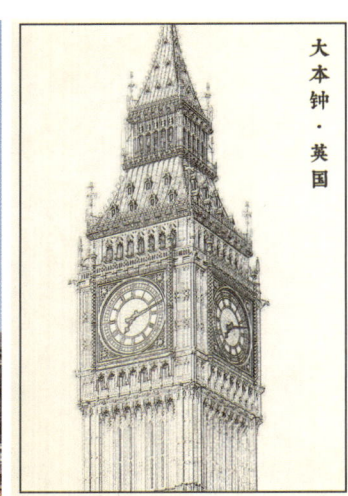

图5-2 洋楼钟形山花配以雄鹰展翅及与大本钟的对比（右图郁琳绘）

筑的影子，装饰性很强。外立面的墙身和柱身采用了灰塑浮雕满铺，题材以花鸟、动物、植物为主，配以精美的装饰纹样，这也是西方古典建筑装饰艺术的体现。色彩方面则采用了典型的洛可可风格，以粉黄色为底，配以白色浮雕来突出主题。在顶部中轴线上，原本设计有钟形山花配以雄鹰展翅的装饰（原物已损毁，现修复物与原物存在较大差异），用以强化洋楼的文化属性（图5-2）。

20世纪初，虽然欧洲新艺术运动已步入晚期，但对中国的影响仍然有限，主要波及东部较为开放的青岛、上海、天津等地。对于地处粤东山区的百侯小镇而言，新艺术运动的思想算得上一股时髦且前卫的潮流。然而，在与肇庆堂洋楼相关联的建筑语汇中，我们发现了诸多与新艺术运动相关的特征。不妨将洋楼与巴塞罗那的"米拉公寓"进行一番简单直观的比较（图5-3）。

图5-3 米拉公寓与肇庆堂洋楼对比（左图黄展章绘）

图5-4 彩色玻璃

新艺术运动时期的建筑，以自由的曲线、蔓藤花卉等飘逸的图案为特色，取材自然植物，强调自然之美、植物之美等。色彩上，常用粉色系列与白色相搭配，营造出一种温馨浪漫的氛围。这些新艺术运动的建筑特征，在肇庆堂洋楼的建筑构件上均有所体现，或显或隐。这也表明这座洋楼不仅仅是对欧洲古典建筑形式的简单模仿，更受到了当时时尚艺术思想的深刻影响。

在洋楼上，彩色玻璃的运用（图5-4）和铁艺在二楼栏杆及屋顶山花部分的点缀，以及洋楼旁的荷叶门、围墙及门柱的造型，都生动地展现了新艺术运动对这座建筑的深远影响（图5-5、图5-6）。可惜洋楼早年的铁艺栏杆在"大炼钢铁"时期被全部拆除损毁，包括山花顶上的老鹰雕塑及挂钟。目前所见为日后修复的复制

图5-5 洋楼荷叶门　　图5-6 围墙及门柱（李宝华摄）

品，虽恢复了原有建筑的完整性，但相较原作，仍略显失色。

在建筑材料与技术方面，肇庆堂采用的是当时先进的钢筋混凝土建造技术，水泥为进口水泥（红毛泥），玻璃中也有来自意大利的彩色玻璃（早期洋楼的窗户曾大量使用彩色玻璃，后损毁殆尽，维修时未能找到替代品，目前已修复为普通玻璃）。这些材料的使用不仅提升了建筑的质量，还为其赋予了西式建筑的特色。

三、本土传统文化的影响

1. 文化理念的影响

肇庆堂是一座根植于传统客家聚居地的百年大宅。在这座宅邸中，尽管多元文化交织，但起决定作用的仍然是本土的传统文化。传统的儒家文化与客家文化对肇庆堂的建设产生了深远的影响，从选址、环境选择到建筑布局、空间结构乃至门、楼的朝向等多方面都起到了决定性的作用。中国传统文化强调天人合一、和谐共生，肇庆堂在建设之初就充分考虑了这些影响因素，包括山脉走势、水源、通风、日照等自然条件，以确保能够与周围的自然环境相协调。在建筑风格上，肇庆堂也体现了中国传统文化的特点，注重对称、均衡和整体感，最终形成了现在这样独特的总平面布局，这在前面关于空间及轴线的论述中已经详细说明。

客家文化与儒家文化可以说同根同源。客家人本身就是从中原迁徙而来的，从文化特质来看，儒家文化是客家文化的基本特质之一。儒家文化强调崇祖先、重教育、守礼法，这些观念在客家文化中占有核心地位。肇庆堂如同众多客家民居一样，在建造过程中处处体现出对家庭、家族观念的重视以及礼仪制度的宣扬。它采用合院式布局，家庭成员围绕庭院生活，这种布局方式增强了家庭成员之间的凝聚力和归属感。就连受到西方建筑文化影响较深的洋楼，实际在功能上也是为整个家族服务的教学用房，是后代读书习文的场所，这同样是儒家文化重视教育的实际体现。

2. 宗祠理念下的客家"居祠一体"

客家族群是历史上从中原腹地迁移过来的汉民族。他们的思想、礼教、传统沿袭了中原文化。作为外来族群，客家人往往需要随时抵御来自外部的侵扰，由此形成了客家一种特殊的宗族文化。通常是以一个姓氏、一个家族为单位，大的家族可以成百上千人，小的则只有两三个家庭。这样的族群聚屋而居、聚楼而居，形成了围楼（土楼）、围屋（一般多层为楼，单层为屋）等独特的居住形式。这些楼、屋既是居住单元，也是御敌的堡垒，还能抵抗自然灾害。这样的布局形成了一个强烈的内向型空间，外围极为封闭，仅开设一些防御性的孔洞，而内部则开放形成多层次的堂、厅、房、廊、井、庭、坪等空间。这样的居住形式一直延续数代，从而形成了客家特有的家祠一体、神祠一体的宗祠文化。在民间信仰和祭拜方面，客家人更加重视祖宗而非神明，这足以说明客家对宗族的重视。

肇庆堂的建筑布局以祖祠为中心，这里是家族成员进行祭祀、议事和举办重要活动的场所。横屋与家祠主空间通过日井、月井等小尺度庭院相连。既传承了中国传统建筑中解决通风采光问题的建筑技术，同时也以大小空间尺度的规格标识出各种空间在传统礼教中的尊卑等级，这是中式建筑的重要理念。所有的活动均以祖祠为中心展开，它也是最高等级的建筑空间。祠堂中供奉着祖先的牌位，每到重大节庆日，围屋内各支脉的家庭都会聚集在这里拜祭祖先，这也是整个家族最全的大聚会。祠堂成为凝聚家族精神的空间。每逢有添丁进口、升学录取等喜事，也会在祠堂墙壁上贴红纸张榜报喜。这些都是中华文化中自古流传的习俗，客家地区、肇庆堂依然在传承着（图5-7）。

图5-7 肇庆堂的"居祠一体"

3. 中式建筑元素的影响

肇庆堂的围屋部分作为客家民居的典范，无论从建筑的空间布局、建造的思想理念和风俗习惯，到建造的形制、方法、材料、装饰，乃至尺度模数，都严格遵循了传统中式及客家民居的规律和营造法式。在建筑营造上，采用了抬梁与叠斗相结合的大木作木结构；双坡硬山顶设计，木式、火式山墙墙头巧妙组合；同时，使用了砖石木混合的中式建筑材料和传统的构造方式。在装饰艺术方面，大量采用了传统装饰工艺，如潮州木雕、嵌瓷、灰塑、彩绘等。这些装饰不仅应用于工艺构件上，甚至在主体结构的梁柱、斗拱、门窗等部位也广泛呈现。装饰题材多取于中国传统的民间故事、文学名著、戏曲传说，包含山水、花鸟、人物以及龙、狮、虎、豹等图案。这些装饰艺术作品不仅工艺精湛，而且文化内涵丰富，是中式建筑装饰艺术的典型代表。此外，匾额、楹联在建筑装饰中大量穿插，这本身就是一种富有文化内涵和审美价值的做法，它们不仅起到了装饰作用，更是在传承和弘扬传统文化。

四、中西建筑、装饰元素融合

1. 空间布局

洋楼布局采用了五跨开间、两跨进深、三面回廊的中轴对称设计。我们之前已详细分析了中西两部分的轴线关系、空间结构布局，以及在禾坪设立的中西结合形式的斗门和水井共用等处理手法，这些都充分体现了肇庆堂的中西合璧理念。而洋楼与围屋是同时开工、同时建成，也说明了建设者的这一意图是明确而坚定的。

从外观上看，洋楼完全呈现出欧洲建筑的风格，其主要以读书学习的场所功能为主，居住功能为辅。然而，一旦走进这座建筑，人们就会发现其内部却充满了传统客家建筑的空间感受。洋楼的平面设计与客家杠屋（锁头屋）有类似的空间构成（图5-8）。锁头屋因其平面形状类似古代锁头而得名，是一种独立式横屋，由建

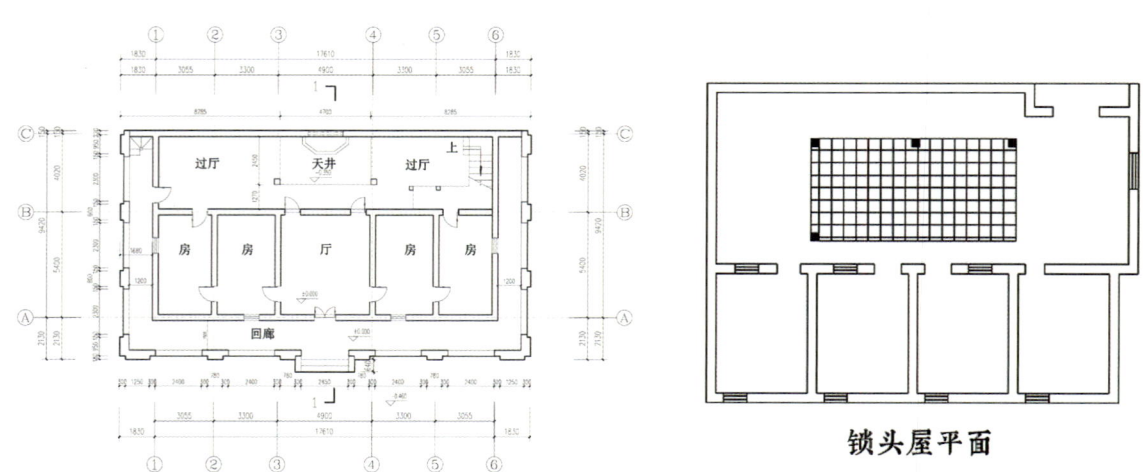

图5-8　洋楼平面与杠屋（锁头屋）平面对比（右图为陈玉庆根据《广东民居》重绘）

筑平面两端的门厅和厨房组合而成，面对围墙自成一个长方形天井。洋楼在中间设置了天井，天井内设有水池和照壁，照壁背墙以琉璃和对联进行装饰，这样的设计既有利于通风采光，同时也将中国传统建筑文化和空间理念融入洋楼之中。

中轴对称的布局符合东西方传统建筑的共同理念。在横屋中央设有厅堂连接主入口，外围则设置了三面开敞的廊道形成骑楼，这应该是受到了当年南洋建筑风格的影响，同时也符合岭南地区的气候特点。敞廊的尽端运用了当时先进的钢筋混凝土技术，建造了一个精致的螺旋楼梯直通屋顶，既解决了交通疏散问题，又增加了趣味性（图5-9）。

洋楼在当时的主要功能是作为子孙读书学习的场所，因此这里也曾是孩子们的游戏天地。可以说，洋楼是一座将西式建筑外观与传统客家民居思想内核完美结合的典范。

图5-9　肇庆堂洋楼内部空间

2. 技术与材料

（1）钢筋水泥混凝土

钢筋水泥混凝土的制备与施工是20世纪初从国外引入中国的一项较为先进的建筑建造技术。肇庆堂在建造过程中，巧妙地将中式建筑的营造方式与这一现代技术相结合，充分发挥了各自的优势和魅力。例如，围屋的基础地台和地面做法就采用了混凝土技术，这使得这座百年大宅的基础异常牢固，至今也未见有明显的沉降变化，从而有效地保护了上部的砖木结构。而在洋楼部分，这一技术更是被广泛应用于建筑的主体结构及细节构造上。屋顶则采用了混凝土平屋面与中式双坡硬山木构瓦顶相结合的混合模式，这不仅是洋楼在建造技术上的创新，更是中西建筑风格完美融合的体现（图5-10）。

图5-10　洋楼混合的屋顶模式

（2）彩色玻璃

彩色玻璃在围屋建造中的运用，标志着外来建筑材料与传统客家围屋的一次成功融合。彩色玻璃源自欧洲，早期多用于教堂或镶嵌玻璃画，通过阳光的照射产生绚烂的光影效果，为教堂等宗教建筑增添了庄严而神秘的氛围。近代传入中国后，开始被用作建筑材料，广州西关大屋的满洲窗便是一个经典例证。在客家民居中，彩色玻璃的运用也多见于中西合璧的建筑上。

肇庆堂对彩色玻璃可谓情有独钟，在围屋和洋楼上都有大量使用。然而，遗憾的是，洋楼在各个历史时期损毁较大，目前修复时未能找回原有材料，仅用普通玻璃代替，这样的做法并未彰显出洋楼原有的魅力，希望在日后的修复工作中能够得以恢复。相比之下，围屋的彩色玻璃保留得相对较好，使得这种西方建筑材料在中式背景的围屋中显得尤为耀眼。老人们回忆说，这些玻璃产自意大利，共有四种颜色，分别寓意春夏秋冬、四季平安（图5-11）。

图5-11 围屋中的彩色玻璃

（3）灰塑

灰塑是本土传统的建筑装饰工艺，在洋楼中的灰塑作品总体上遵循了西式建筑的装饰比例和分块原则。灰塑按楼层分布，分别以花卉、虫鱼、草木、宝瓶、仙鹤、飞鸟等元素作为装饰主题，而上部则采用瑞兽等作为主角，同时用线脚勾框，融入花卉、山水、飞禽走兽等传统中国构图元素，寓意美好。这种做法实现了内容与形式的中西和谐统一，是西方理念与本土技艺相结合的一种体现。

在围屋中，灰塑的应用多为局部点缀，主要集中在屋脊、山墙以及窗檐等部分。有趣的是，围屋窗檐上的灰塑装饰采用了西方洛可可风格的元素，并融入了大片蕉叶的东南亚风格。此外，另一个西式装饰构件与本土建筑结合的例子也出现在窗的部分（图5-12）。

图5-12 堂横屋窗户

（4）铁艺

铁艺是西方建筑装饰中常用的手法，广泛应用于窗、阳台栏杆、山花等部位。在肇庆堂围屋的窗户上运用铁艺，既具有功能上的实用性，解决了开窗通风与防盗安全的矛盾，同时又是一种精美的装饰。西式装饰纹样注重线条的流畅和形态的柔美，设计繁琐而精致，大量使用植物蔓藤、花朵等。而肇庆堂的铁艺装饰除了具有西式纹样特点，还巧妙地结合了中式的回纹、万字纹等元素，展现出独特的中西结合艺术效果（图5-12）。

3. 装饰内容

肇庆堂之美，主要源自其装饰之美，这一特点在围屋与洋楼中均得以体现。肇庆堂所秉承的中西融合理念，同样深刻地渗透到其装饰艺术之中，涵盖了彩绘、灰塑、建筑构件装饰等多个方面。彩绘主要集中在围屋的梁架、门窗楣及门扇等关键位置，而灰塑装饰则大量运用于洋楼的装饰中，同时也在窗檐、线脚、屋脊、排水等建筑构件上有所体现。

中西建筑装饰内容在这些装饰艺术中产生了奇妙的碰撞与融合。洋楼天井中的那副对联便是一个极为典型的例子。在这座外观完全西式的建筑内部，却悬挂着极具中国传统文化特色的对联，这副对联既作为装饰，也承载着对后人的训诫之意。

图5-13　西式洋楼灰塑的中式题材

这样的中西结合方式颇具创意，类似的结合手法在肇庆堂的其他装饰中也多有运用。例如，中式彩绘中出现了电话、洋枪洋炮等与传统题材截然不同的画面；而西式的洋楼雕塑则巧妙地融入了中国绘画的韵味，题款与书法元素跃然其上。这样的装饰内容在当时特定的时代和文化背景下，无疑给人带来了耳目一新的感受（图5-13～图5-17）。

图5-14 中式堂横屋彩画的非传统中式题材

图5-15　前堂门楣左右两侧中西方生活场景彩画

图5-16　前堂门楣左侧西式洋装、洋伞

图5-17 前堂门楣右侧中式唐装、发髻

第六章

肇庆堂的装饰与细部名录
DILIUZHANG

前堂檐廊右梁架母蟹樑托

肇慶堂

一、堂横屋

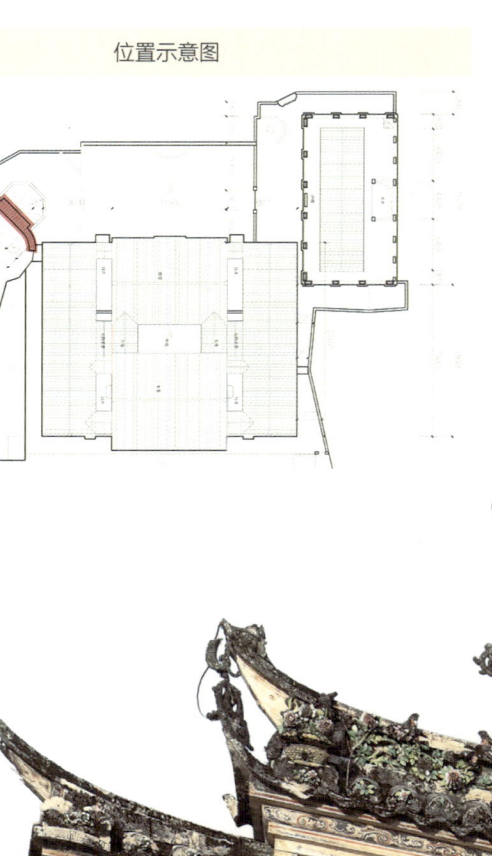

位置示意图

（一）堂横屋门

1. 大门

肇庆堂围墙大门采用六柱五间五楼的牌坊门形式，以中央主门及两侧八字形的照壁构成主体框架。主门采用木质门扇与石质门框相结合的构造，门额处雕刻"敬修衍庆"堂号，门框两侧雕刻"敬祖千秋盛，修德万代传"楹联，采用金漆填色工艺。

门楣上方原有吉祥纹样彩绘，因年代久远已模糊不清；门框下方装饰经过后期修复，与原装差异较大。两侧八字形照壁保留四段式构图遗存，多数彩画褪色剥落（图6-1～图6-3）。

图6-1 大门两侧八字形照壁

图6-2 院门全景

图6-3 大门两侧彩画

图6-4　大门东南侧屋脊（无人机拍摄拼接）

大门屋脊装饰风格独特且精美，中间和两侧大量运用嵌瓷装饰，与彩画、灰塑相互映衬。

大门屋脊中间嵌瓷的主题涵盖牡丹花等奇花异卉，以及羊、马、狮等动物和神兽，蕴含三阳开泰等美好寓意。

屋脊两侧的嵌瓷以形态各异的花卉和精美的花瓶为主，寓意富贵平安。屋脊的脊尾采用双层燕尾形式，以灰塑为主要装饰，檐口处的瓦上也有栩栩如生的牡丹花嵌瓷装饰（图6-4~图6-8）。

图6-5　大门东南侧屋脊嵌瓷主题

图6-6　大门东南侧屋脊"三阳开泰"嵌瓷

图6-7　大门东南侧屋脊嵌瓷局部

第六章　肇庆堂的装饰与细部名录

位置示意图

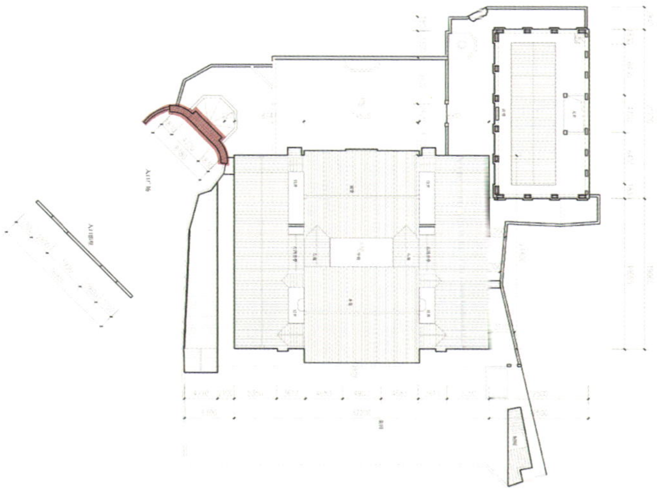

图6-8　大门东南侧屋脊全景

109

大门背侧屋脊也有大量的嵌瓷装饰。屋脊中间嵌瓷的主题涵盖锦鸡、花草植物以及花瓶等元素，屋脊两侧的嵌瓷以形态各异的花草植物为主，檐口处的瓦上也有牡丹花嵌瓷装饰（图6-9、图6-10）。

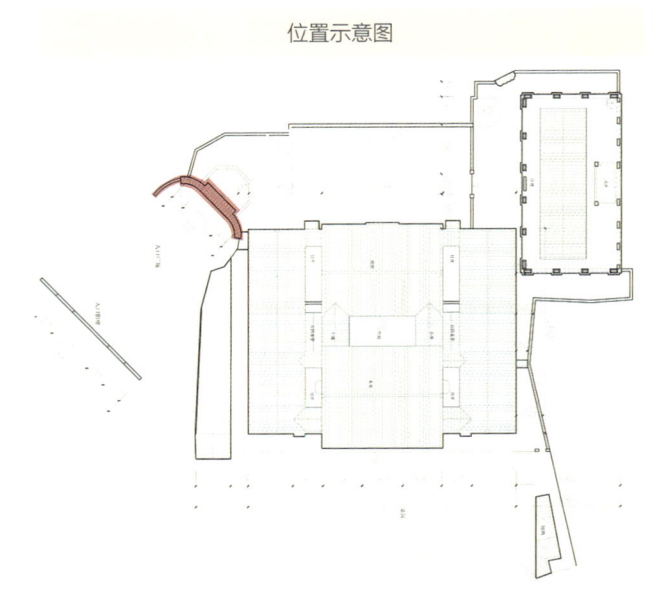
位置示意图

图6-9　大门西北侧屋脊（无人机拍摄）

图6-10 大门西北侧屋脊嵌瓷局部（无人机拍摄）

2. 大门旁小门

肇庆堂围墙的小门未做任何装饰,它主要承担着横屋后勤出入口的功能(图6-11)。

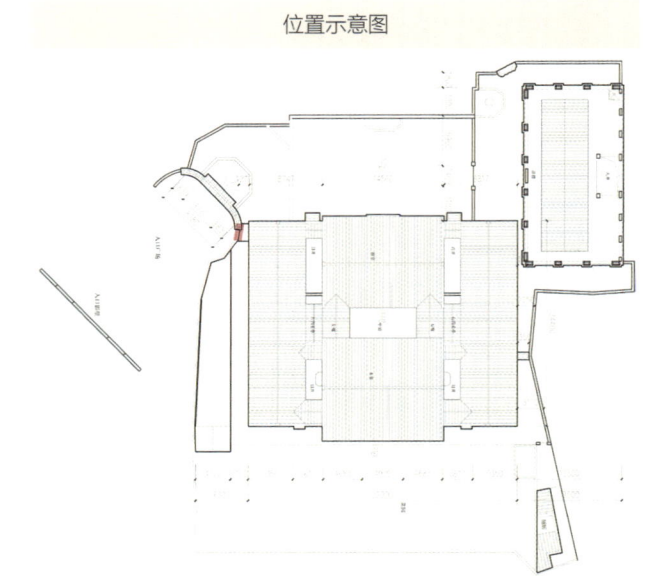
位置示意图

图6-11 大门旁小门

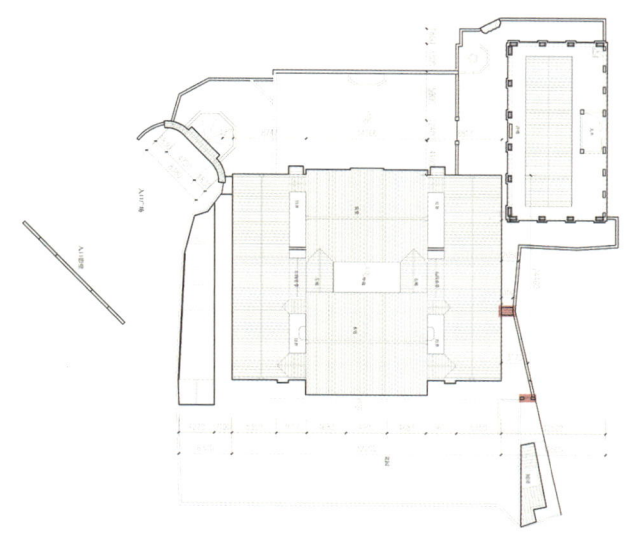

位置示意图

3. 后门

拱形的后门分隔横屋与卫生间，装饰较为简单，且因岁月侵蚀，其现状已不甚清晰。门上流畅的有机曲线与经典的拱形形式相互融合，体现了肇庆堂建筑装饰中西合璧的独特风格（图6-12）。

图6-12 通向厕所后门（左图）、右横屋外后门（右图）

4. 斗门

禾坪东斗门（编号01）为中式八角门，门框有精美的线脚装饰。它巧妙地分隔了从大门进入的院子与本堂前的院子，与对面的西斗门形成了一种遥相呼应的格局（图6-13）。

禾坪西斗门（编号02）灵活自由的形态体现了西方建筑文化的独特魅力。它与传统形式的东斗门相对而立，风格迥异（图6-14）。同时，斗门与西南侧的照壁相互配合，共同围合出了禾坪。一中一西，风格相对，生动地展现了肇庆堂中西合璧的独特风格（图6-15）。

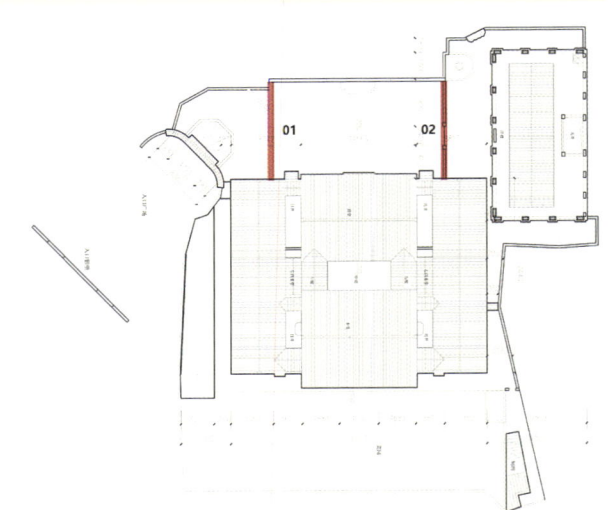

位置示意图

图6-13 东斗门

图6-14 西斗门

图6-15 禾坪（无人机拍摄）

5. 横屋通向外部屋门

右横屋和左横屋南侧屋门（分别编号01、02）形式一致，中间是木门，门框则采用石材。门匾分别为"培兰"和"毓桂"，寓意着对后代的悉心培育。门两侧饰有具有西方特色的蝙蝠花纹瓷砖，在门上方还有体现着伊斯兰装饰风格的瓷砖。

门两侧饰有对联。右横屋的对联内容为"石磜长流千古庵，桃花连映四时春"，不仅展现了优美的自然景色，更蕴含着对读书文化的尊崇，寓意着此处是培育人才、传承文化之地。左横屋的对联内容为王安石的诗句"一水护田将绿绕，两山排闼送青来"，生动地描绘了肇庆堂西南侧的山峦以及门前的小溪，仿佛将自然景色融入了建筑之中（图6-16～图6-19）。

前堂步口进入横屋的屋门（编号03、04），采用木门搭配石制拱形门框，风格简约质朴，装饰较为简洁（图6-20、图6-21）。

位置示意图

图6-16　右横屋南侧门（编号01）

图6-17　左横屋南侧门（编号02）

图6-18 屋门装饰蝙蝠花纹瓷砖（利紫晴摄）

图6-19 屋门装饰伊斯兰风格瓷砖（利紫晴摄）

图6-20 右横屋门（编号03）

图6-21 左横屋门（编号04）

6. 横屋过水门

本堂廊口进入横屋的过水门（编号01、02），采用木门搭配石材拱形门框。两扇门上原本绘有彩画，并饰有木雕蝙蝠，然而，如今彩画内容已消失殆尽，仅余木雕蝙蝠仍留存些许往昔风貌。右侧门匾书有"蹈义"，表示坚守正义之行；左侧门匾题有"履仁"，则意为践行仁爱之道，二者共同彰显了对仁义道德的尊崇与倡导（图6-22～图6-24）。

拱形门框上方原本绘有精美的彩画装饰。然而在"文革"时期，这些彩画被红漆标语覆盖，原有的艺术风貌遭到破坏（图6-25）。

图6-22 右横屋过水门（编号01）

图6-23 左横屋过水门（编号02）

图6-24 过水门门匾

图6-25 过水门字画

位置示意图

7. 横屋厢房屋门

左右横屋厢房的屋门（编号01、02、03、04）采用隔扇门六抹头的形式，具体装饰如下（图6-26～图6-28）：

①上绦环板运用木雕工艺进行装饰，题材包括栩栩如生的花鸟、"八仙过海"中的芭蕉扇等法器。②格心部分由具有几何纹样的木条构成，线条简洁而富有韵律感。③中绦环板同样采用木雕工艺，以"八仙过海"中的法器等题材为主，展现出精湛的技艺和独特的艺术魅力。④裙板的彩画题材为花鸟，与木雕装饰相互映衬，增添了屋门的艺术美感。⑤下绦环板为木雕的吉祥纹样，寓意美好。

在隔扇门的最上方装饰有具有东南亚特色的芭蕉叶，这在民间传统中被认为具有辟邪的作用，体现了古人对居住环境的祈愿与祝福。

编号01

编号02

图6-26 右厢房屋门（张雨思摄）

编号03

编号04

图6-27 左厢房屋门（张雨思摄）

图6-28 横屋厢房屋门彩绘、木雕装饰（张雨思摄）

8. 横屋圆拱门

门采用圆拱形设计，其正面与背面均装饰有一对圆形图案，分别呈现彩画与题字。彩画题材为花鸟，生动地展现了自然之美。题字则书写于形似太阳图案的圆形轮廓内，左右横屋门上的题字内容分别为"左通"和"右连"，寓意着空间的连通与过渡，整体设计既美观又富有寓意（图6-29～图6-32）。

位置示意图

图6-29　左横屋圆拱门（编号02）

图6-30　右横屋圆拱门（编号01）

图6-31　左横屋门楣

图6-32　右横屋门楣

9. 横屋隔扇门

左右横屋的隔扇门各有四扇，均为六抹头形式，门框由石材打造，具体装饰如下（图6-33～图6-35）：

①上绦环板采用木雕工艺，雕刻有"八仙过海"中的法器，如芭蕉扇、葫芦等，并配以花草植物装饰，这些法器和植物相互搭配。②格心部分主要采用意大利进口的彩色玻璃，红、绿、黄、蓝四种颜色分别代表春夏秋冬四季；玻璃四周装饰有吉祥纹样。③中绦环板的木雕题材分为植物与动物，包括鹤、喜鹊和鱼等，象征长寿、喜庆和富足；苦瓜和葡萄代表先苦后甜，多子多孙。④裙板原先绘有彩画，现已全部被涂黑。⑤下绦环板是吉祥纹样的木雕，这些纹样寓意着吉祥如意。

门下设有高门槛。门上方的门楣有彩画装饰，彩画分为五部分：左右两侧端部为风景山水画；接着的画肚是人像画；中间画心的彩画画幅最大，内容是历史典故。彩画笔法精湛，独具特色，体现了较高的艺术水准和深厚的文化底蕴。

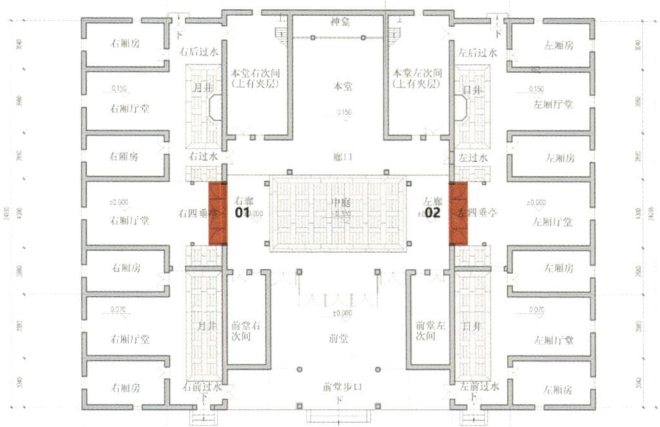

图6-33 右横屋隔扇门（编号01）

图6-34 左横屋隔扇门（编号02）

图6-35 隔扇门木雕装饰（张雨思摄）

10. 前堂隔扇门

前堂隔扇门为五抹头形式。中间的格扇门上绦环板为木雕的"八仙过海"中的法器等；格心为木雕的文字和纹样，有蝙蝠和花卉等，中间的字为"福缘善庆"；绦环板是木雕花瓶以及花卉；裙板全部被涂黑。

朝向前堂侧的门楣彩画有五部分：端部的题材是历史典故，接着的画肚是纹样，画心是战国时期合纵连横的场面，表达团结合作（有说法是因为肇庆堂西南侧有深长的山坳，客家文化认为"有冲"，所以采用这幅画）。朝向中庭侧门楣的彩画分三部分：两侧端部为民国时期的生活场景画，画心是百鸟朝凤图。

前堂堂匾内容为陈炯明所题"仁登寿域"。隔扇门（编号02、03）分别有"忠、孝、廉、节"，门楣的彩画有三部分，题材包括民国时期军阀的场景、人物以及风景画（图6-36～图6-39）。

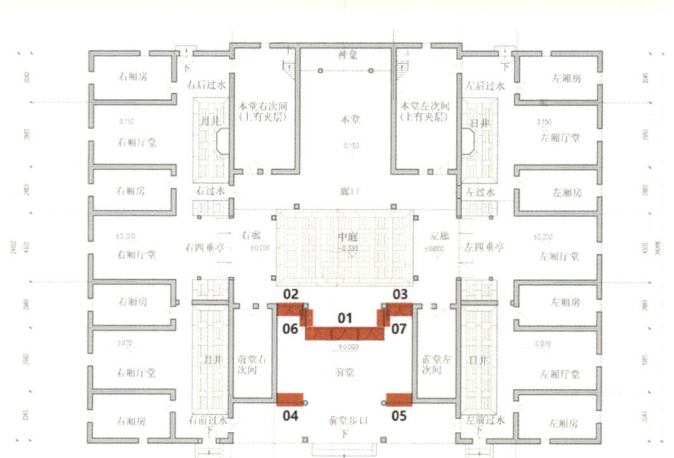
位置示意图

图6-36 前堂堂匾

图6-37 前堂隔扇门（编号01）门楣彩绘

图6-38 前堂隔扇门（编号02-07）

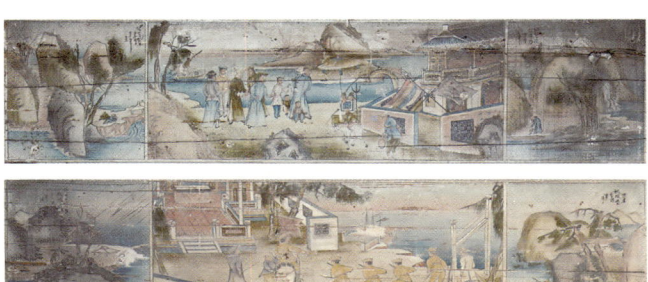

图6-39 前堂隔扇门（编号02、03）门楣彩绘

11. 前堂右次间（左次间）和本堂右次间（左次间）屋门

前堂和本堂的次间屋门为六抹头的隔扇门形式。上绦环板为木雕的花鸟题材，为屋门增添了自然之美。格心是木雕的几何类纹样的组合。前堂次间的中绦环板中间是木雕的书卷，本堂次间为木雕的花瓶，两侧都是木雕的夔龙纹样。裙板原先为人物故事的彩画，现已被涂黑。下绦环板为木雕的吉祥纹样，为整个屋门增添了一份美好的祝愿。

此外，门上部设有半圆形窗户，窗户内部雕刻有"福、禄、寿、全"四个字。这四个字分别代表着福气、官禄、长寿和完美，表达了对生活的美好祈愿，同时也为屋门增添了文化内涵和艺术魅力（图6-40～图6-42）。

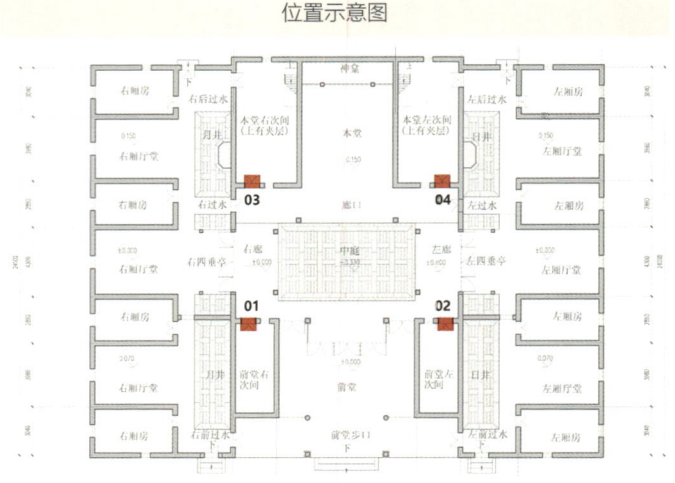

位置示意图

图6-40　次间屋门木雕、彩绘漆画装饰（张雨思摄）

编号01

编号02

编号03

编号04

图6-41　前堂次间屋门（张雨思摄）　　　　图6-42　本堂次间屋门（张雨思摄）

（二）本堂后福楣（神龛龛楣）

本堂这一部分原先拥有精美的装饰，但遗憾的是，这些装饰已经遗矢。上方悬挂着堂匾"肇庆堂"，堂匾下方设有两个鎏金木雕工艺的支撑构件，其题材为螃蟹和枝头等，螃蟹象征着四平八稳，枝头则寓意着生机与繁荣。

堂匾两侧的彩画取材于《封神榜》，绘制了南极仙翁、燃灯道人等角色，表达了对祖先的敬拜之情。

堂匾下方的两侧彩画题材为花鸟以及葡萄，中间部分为历史典故。两侧还有"系德饎奠"四个题字，"系德"意为继承和发扬美德，"饎奠"则指祭祀时用食物祭奠祖先，整体表达了对祖先的缅怀之情，强调了祭祀祖先的重要性。

彩画下方有弧形木雕，雕刻题材是牡丹花，象征着富贵和吉祥，表达对美好生活的向往。

这一部分的建筑装饰，无论是堂匾、彩画，还是木雕，大多都围绕着祭祀祖先的主题展开，体现了客家人重视宗族的传统文化（图6-43～图6-45）。

图6-43 本堂堂匾、匾托

图6-44 本堂后福楣

图6-45 本堂神龛两侧字画、木雕装饰

（三）堂横屋屋脊

1. 前堂屋脊

前堂屋脊整体呈微曲向上的形态，宛如一条轻轻上扬的弧线，给人以灵动之感。脊尾采用了卷草龙饰，屋脊上的装饰精美绝伦，集嵌瓷与灰塑工艺于一身，相得益彰（图6-46～图6-47）。

东北侧屋脊大量集中的嵌瓷按题材分为五部分：两侧是喜鹊与梅花枝头、牡丹与锦鸡；中间两侧是嵌瓷工艺的鱼，表达年年有余；中心的主题多种多样，有表示平安的花瓶、表达封侯意愿的蜜蜂与猴子等。中心部分嵌瓷所占比例最高，题材也十分丰富，两侧题材单一（图4-48）。

位置示意图

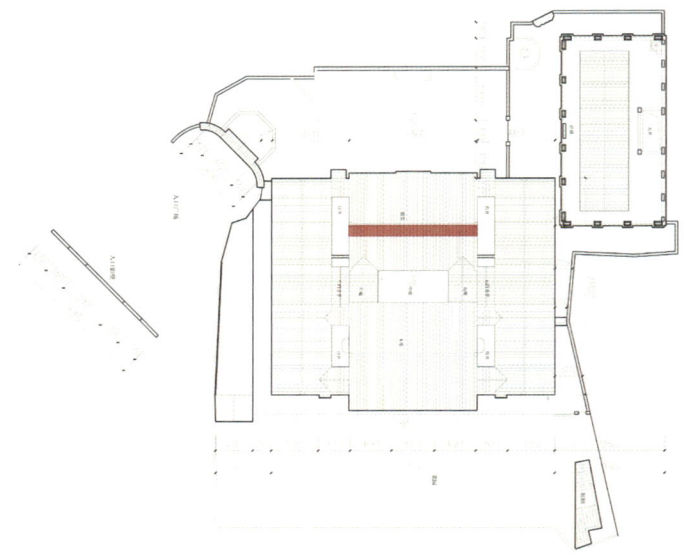

屋顶的排水口设计巧妙，做成了鳌鱼的形式。这样既有效地引导了雨水的排放，又以其独特的造型为屋脊增添了艺术魅力，起到了一举两得的作用。屋檐处的装饰同样精美，牡丹花纹样的琉璃瓦当与檐口处的牡丹嵌瓷装饰相互呼应，使整个建筑在细节之处也尽显匠心独运（图4-49）。

图6-46 前堂东北侧屋脊脊尾嵌瓷

图6-47 前堂屋脊全景

图6-48 前堂东北侧屋脊嵌瓷局部

图6-49 前堂屋脊落水口（左侧为原状、右侧为修复后）

西南侧与东北侧装饰同样复杂精美，屋脊最上部有灰塑的"八仙过海"中的法器、蝙蝠、神兽以及吉祥的纹样等。两端的卷草龙饰上有灰塑和嵌瓷。

大量集中的五部分嵌瓷分别是：两侧的牡丹、菊花与吉祥的鸟，象征着富贵、高洁等美好的祝愿；再中间是寓意平安的花瓶，造型优美，瓶身上的图案精致细腻，象征着平安祥和；最中间是凤凰戏牡丹，寓意着和谐美好，象征着吉祥与富贵的完美结合。

两侧山墙侧垂脊尾端的装饰也别具特色，分别有花卉以及鹿、狮子的嵌瓷。花卉嵌瓷种类繁多、色彩斑斓；鹿和狮子的嵌瓷则栩栩如生，鹿象征着长寿和吉祥，狮子代表着威严和力量。这些元素为建筑增添了更多的文化内涵和艺术魅力。屋檐处装饰与东北侧相同（图6-50～图6-52）。

位置示意图

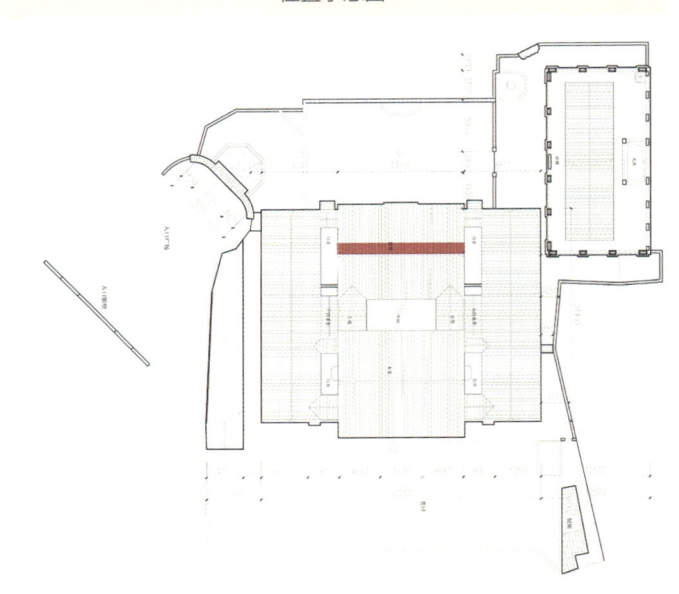

图6-50　前堂垂脊

图6-51　前堂西南侧屋脊全景

图6-52 前堂西南侧屋脊嵌瓷局部

2. 本堂屋脊

本堂屋脊现存的装饰以灰塑、彩画为主，嵌瓷工艺相对较少，仅在脊尾处可见牡丹花的嵌瓷装饰。然而，彩画现状已经模糊不清，大部分图案较难识别，只能看出主要的题材包括花卉、吉祥的鸟等。

从功能角度来看，本堂主要供奉祖先，承载着家族发展的历史记忆，具有重要的精神意义和较高的地位。而前堂则主要用于接待客人。鉴于前堂屋脊现存的精美的嵌瓷装饰以及本堂更加重要的地位，可以推测本堂屋脊原先应有大量精美的嵌瓷装饰。然而，这些装饰如今已被整体铲除，令人惋惜（图6-53～图6-56）。

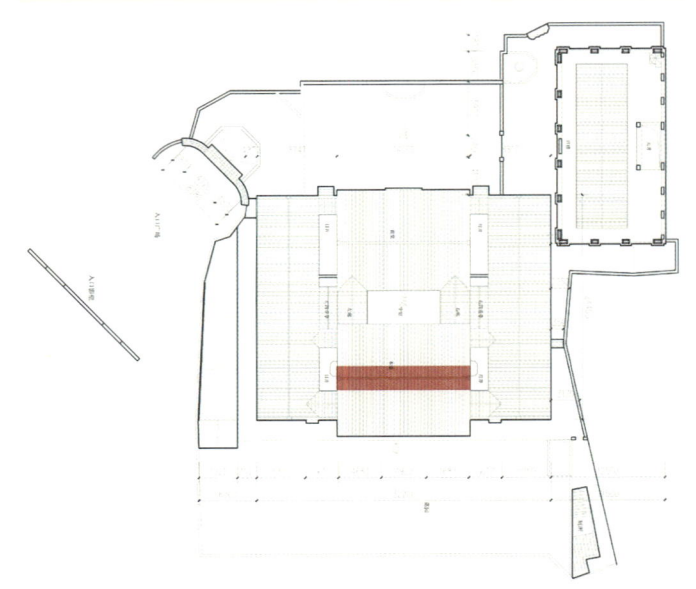
位置示意图

图6-53 本堂屋脊嵌瓷局部（一）

图6-54 本堂西南侧屋脊

图6-55 本堂东北侧屋脊（无人机拍摄）

图6-56 本堂屋脊嵌瓷局部（二）

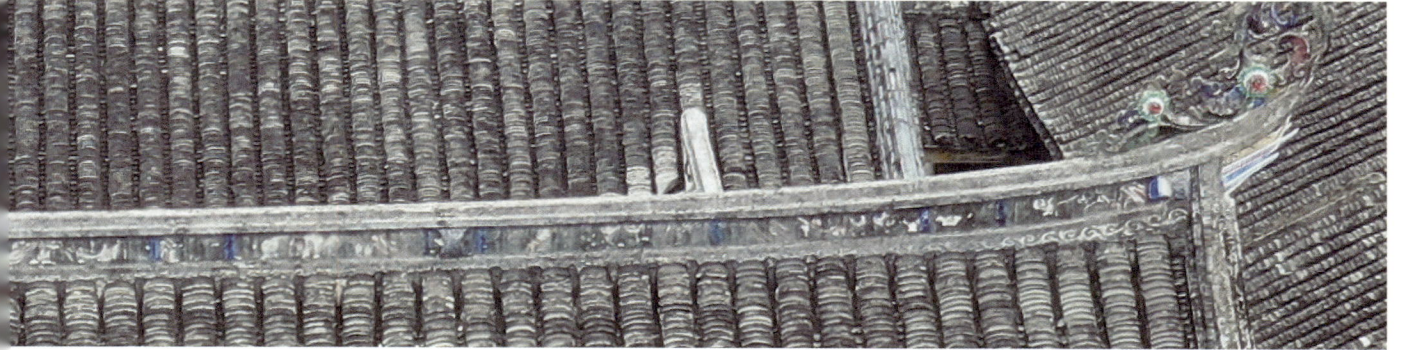

3. 本堂左右廊屋脊

本堂左右廊屋脊的装饰以嵌瓷为主，嵌瓷装饰分段按不同的比例设计。左右廊的嵌瓷题材都分为四段，包括螃蟹、花、鸟、虾、乌贼等。垂脊处同样为牡丹花纹样的琉璃瓦当，檐口处有牡丹的嵌瓷装饰（图6-57～图6-60）。

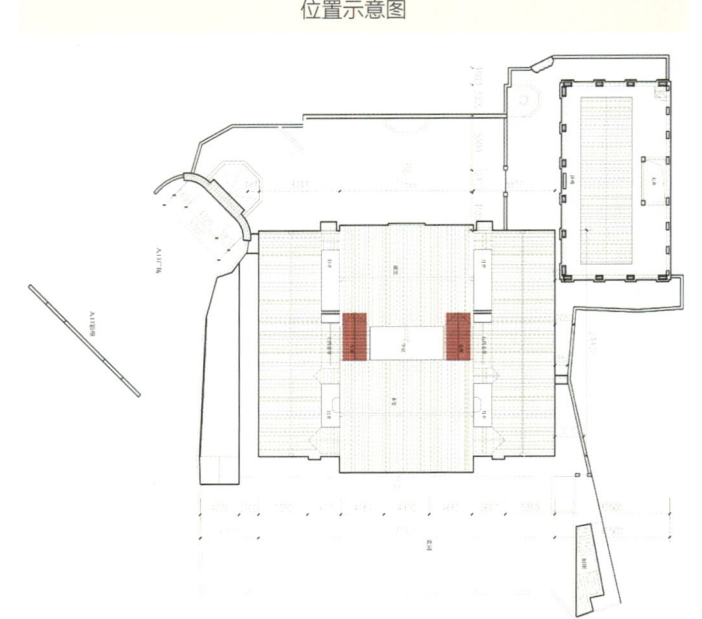

位置示意图

图6-57 本堂左右廊屋脊嵌瓷局部（一）

图6-58 本堂左右廊屋脊

图6-59 垂脊和檐口处装饰

图6-60 本堂左右廊屋脊嵌瓷局部（二）

（四）堂横屋照壁

1. 大门前照壁

一字形照壁平行于大门且布置在外侧，照壁从形式上可以分为五部分，从两侧到中间逐渐变高，中间为红色照壁。照壁上有简单的几何线条花纹，整体来说装饰简单（图6-61）。

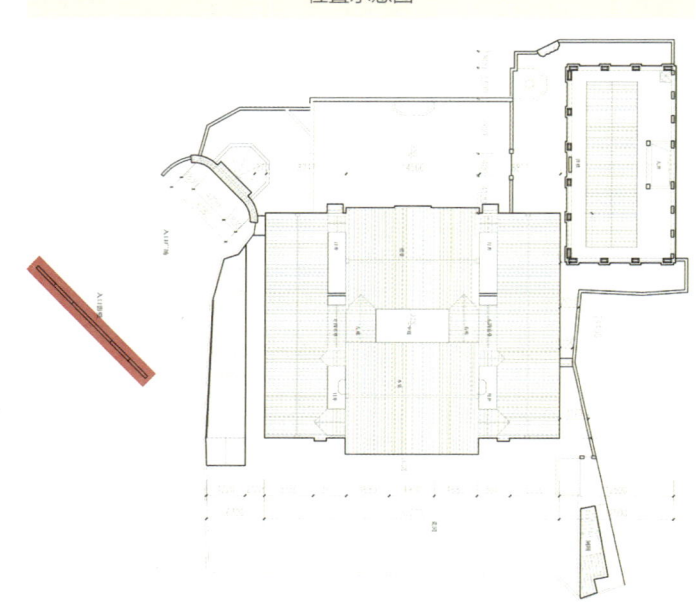

位置示意图

图6-61 大门前照壁（李宝华摄）

位置示意图

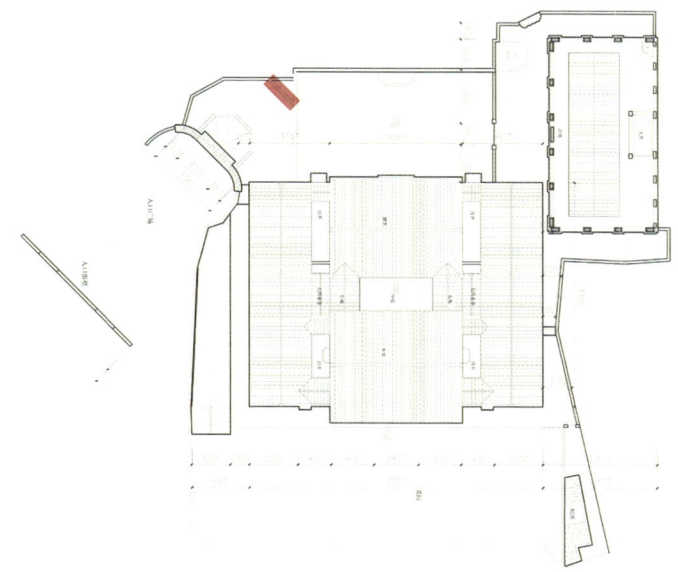

2. 大门内侧对应照壁

此处照壁平行于大门且布置于大门内侧，与院墙融为一体，形成连续的立面。照壁中央装饰有一幅精美的山水画，增添了建筑的文化内涵和审美价值（图6-62）。

图6-62 大门内侧对应照壁

3. 前堂对应照壁

前堂对应的照壁形式为中间高两侧略低，中间的墙壁为红色，上方有九幅彩画，现状已模糊，彩画上方为三组绿釉瓷装饰。

照壁下方为鱼池。传统客家民居前大多有月池，肇庆堂由于地理环境无法形成月池，于是在院内设计了鱼池。鱼池上的装饰十分丰富，彩画的题材大多是山水，还有文字"不除庭草留生意，爱养盆鱼识化机""鱼跃鸢飞分上下，天光云影共徘徊"；前一句为曾国藩撰写，后一句为屋主所题，表达了对于生活的热爱。这里设置照壁的原因与前面所提到的客家人认为"有冲"的山坳有关，希望通过照壁阻挡"煞气"（图6-63～图6-66）。

位置示意图

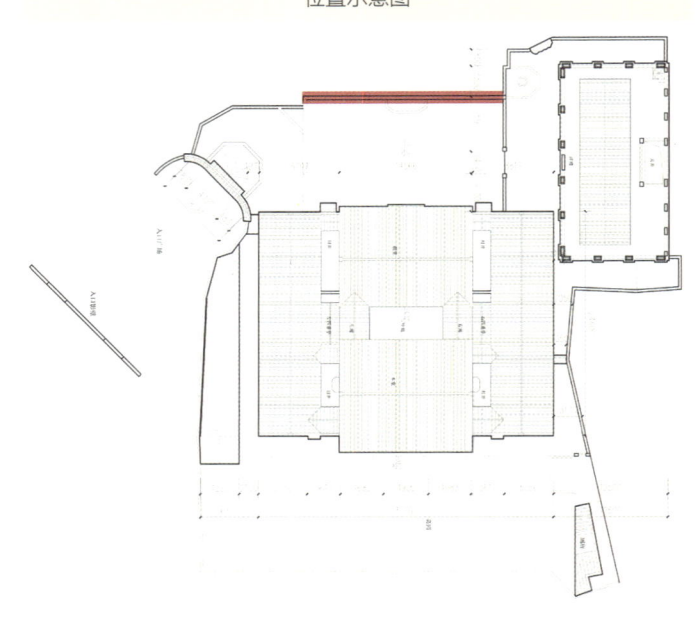

图6-63 前堂对应照壁及鱼池

第六章 肇庆堂的装饰与细部名录

图6-64 照壁局部

图6-65 照壁前鱼池彩画

图6-66 照壁上部装饰

（五）堂横屋梁架

1. 前堂步口右次间右梁架

前堂步口梁架采用四檩驼峰斗拱梁架结构，并配以卷棚顶。装饰工艺涵盖了彩画、木雕以及少量嵌瓷。

前堂步口右次间右梁架下方的咀口檩呈方形，其上绘有历史人物彩画。檩下方的两侧饰以木雕夔龙纹，中间为彩画。檩上方的筒斗托雕刻为力量强大的神兽形象，其上有对称卷云纹样的斗座支撑着斗拱。斗拱采用先置弯板再置斗拱的两跳斗拱形式，其中斗呈讹角方形斗，斗上饰以彩画；拱是整板木雕异形拱。

弯板与花块的形态包括自由曲线和规整方形，其中方形花块中间有山水画，下方饰以夔龙纹；其余弯板与花块有卷草纹、彩画以及嵌瓷装饰，中间的题材为人物和鱼，两侧主要是花卉植物。屐头、出头以及檩条雀替的装饰包括如意纹样、卷草纹和夔龙纹等（图6-67～图6-69）。

位置示意图

图6-67　前堂步口右次间右梁架（2009年）

图6-68　前堂步口右次间右梁架弯板、花块、㭼、㭼腹（2024年）

图6-69　前堂步口右次间右梁架（2024年）

2. 前堂步口左次间左梁架

前堂步口左次间左梁架下方的槲呈方形，其上绘有取材自《西厢记》的人物彩画。下方槲腹两侧饰以木雕蝙蝠与夔龙纹，中间是风景彩画。槲上方的筒斗托与右次间右梁架形式相似。上方的斗拱与右次间右梁架类似。中间的方形花块绘有山水画，下方仍有夔龙纹（图6-70～图6-73）。

其余弯板与花块的装饰与右次间右梁架相似。出头和屐头装饰包括夔龙纹、卷草纹及如意纹。

位置示意图

图6-70 前堂步口左次间左梁架（2009年）

图6-71 前堂步口左次间左梁架槲局部（2009年）

图6-72 前堂步口左次间左梁架（2024年）

图6-73 前堂步口左次间左梁架栿（2024年）

3. 前堂步口右梁架

前堂步口右梁架下方的檩形态为方形，彩画已不清晰。檩腹的装饰为后期修缮时所增加，采用木雕工艺，饰以夔龙纹，中间是金漆木雕花卉。檩上方的狮座为木雕工艺，功能上支撑上方的斗拱，象征意义上起到镇宅的作用。斗的形态为讹角方形斗，拱是整板木雕异形拱（图6-74～图6-78）。

弯板与花块的形式呈现自由的曲线状。弯板的装饰通过卷草纹的线条分为上下两部分：上方为彩画，但内容已模糊不清；下方为木雕，题材包括螃蟹等动物以及花卉等植物。中间最下方的花块使用了透雕工艺，题材有动物与花卉，中间的书卷刻有"笔下文章□北斗，家藏万卷书"，表达出对于读书的重视。另一花块也使用透雕工艺，题材有花卉等植物以及"三阳开泰"。出头是透雕工艺的花卉。喷水柱上方有三段彩画，柱外侧的展头和出头采用了木雕工艺，题材有祥禽瑞兽以及花卉等植物。

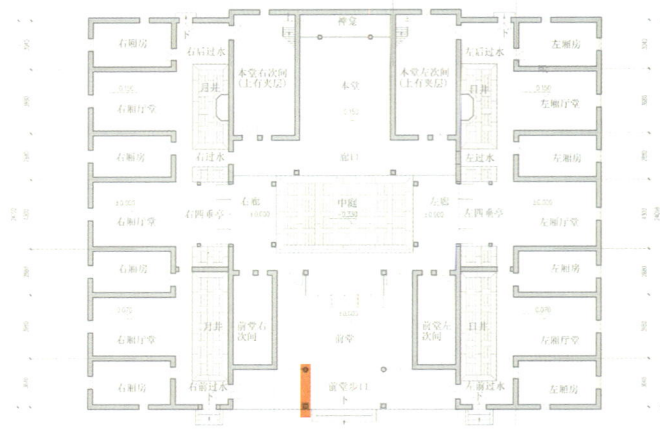

图6-74 前堂步口右梁架展头

图6-75 前堂步口右梁架（2009年）

图6-76 前堂步口右梁架狮座（2024年）

图6-77 前堂步口右梁架花块

图6-78 前堂步口右梁架（2024年）

4. 前堂步口左梁架

前堂步口左梁架与右梁架在结构与装饰上具有较高的相似性。下方方形的橄原先有彩画装饰，目前已不清晰。下方橄腹的装饰与右梁架一致，上方同样是狮座，斗拱的形式也相同（图6-79～图6-82）。

弯板与花块形式自由，弯板主要是实木，花块使用了大量透雕工艺。中间最下方的花块有木雕工艺装饰，两侧雕刻有动物与花卉，中间为书卷，书卷内雕刻有花瓶，表达平安的寓意。弯板的装饰同样被卷草纹线条分为两部分：上方是彩画，内容已经模糊；下方装饰有鱼、羊和葡萄等动植物题材的木雕，采用透雕工艺。出头同样是透雕的花卉等植物。喷水柱上方也是三段彩画，内容有人像以及吉祥纹样，柱外侧的出头与戾头和右梁架的类似。楹条雀替是被修缮过的。

位置示意图

图6-79　前堂步口左梁架（2009年）

图6-80　前堂步口左梁架狮座（2009年）

图6-81　前堂步口左梁架花块、背侧

图6-82　前堂步口左梁架（2024年）

5. 前堂步口檩

前堂步口的檩主要起到结构支撑的作用，装饰较为简洁。东北侧檩条下方的前福楣彩画内容丰富，分为上下两部分：上部的彩画图幅较高，包含五幅画面，分别为两侧的山水风景画、花瓶以及中间的"三阳开泰"图；下部的彩画图幅较长，包含两侧的花鸟、草木植物以及中间的人物典故彩画，从图中可以看到文人雅士们在水边进行各种活动，如饮酒、赋诗、讨论等，表达了对风雅生活的向往和对自然美景的欣赏（图6-83～图6-85）。

位置示意图

图6-83 前堂步口檩（2009年）

图6-84 前堂步口檩（2024年）

图6-85 前堂前福楣彩画

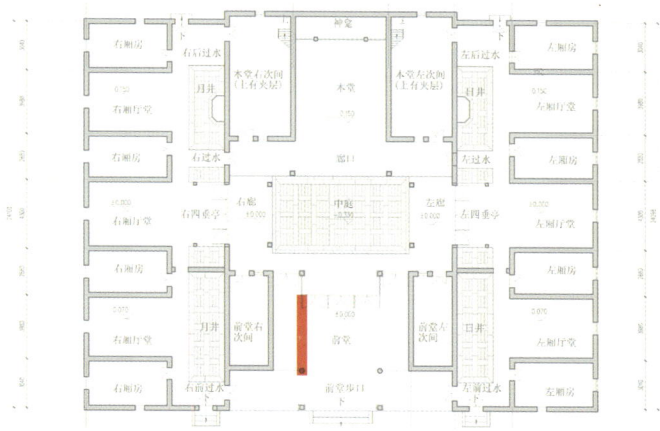

6. 前堂右梁架

前堂右梁架形式为典型的叠斗式。前堂右梁架的檩为圆形，装饰有彩画。大檩的彩画分为两侧端部的山水风景、画肚蓝底金漆的草木植物及画心的《三国演义》中关羽千里走单骑的场景，配有牡丹花和吉祥纹样。二檩的彩画端部为花鸟画，画心描绘了三只祥禽瑞兽。三檩彩画形式为折叠形单包巾，端部是植物，画肚为黄底黑字，画心题材是人物与风景。雀替、角花采用透雕工艺，题材为花卉，大檩下的雀替经过修缮，现状为斐鱼。檩上方是木瓜斗拱组合，斗是八角斗的形式，拱是整板木雕异形拱（图6-86～图6-89）。

弯板与花块形态自由，上层的弯板主要采用实木材质，装饰有卷草纹线条和彩画；下层的花块则大量运用透雕工艺。出头大多采用透雕工艺，雕有花卉等植物图案。

图6-86 前堂右梁架

图6-87 前堂右梁架弯板、花块

图6-88 前堂右梁架木瓜

图6-89 前堂右梁架檩

7. 前堂左梁架

前堂左梁架与右梁架在形式和装饰上保持一致。大檩的形式及其装饰与右梁架类似，端部与画肚的题材相似，而画心的彩画内容则展现了《三国演义》中赵云救主的经典场景。二檩的彩画同样采用了奇珍异兽的题材，其端部装饰为各类纹样的组合彩画。三檩的彩画形式也呈现为折叠形单包巾，端部装饰为植物，画肚为红底黑字，画心则描绘了风景人物的彩画。雀替、角花的装饰风格与右梁架相似（图6-90～图6-93）。

檩上方的木瓜斗拱组合也与右侧保持一致。但与右侧不同的是，左梁架两侧的木瓜上悬挂有木雕吉祥花瓶挂件，增添了独特的装饰元素。

连接的弯板、花块以及尾部的出头在形式与装饰上均与右梁架相似，体现了整体设计的和谐统一。

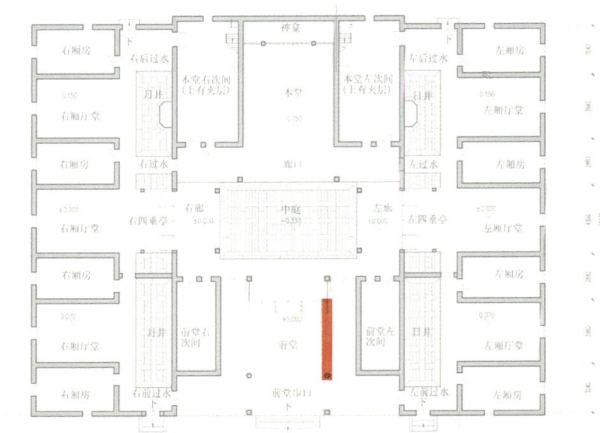
位置示意图

图6-90 前堂左梁架

图6-91 前堂左梁架檩

图6-92 前堂左梁架木瓜

图6-93 前堂左梁架斗拱、弯板、花块、出头

8. 前堂楣

前堂步口的楣条为圆形，大多未施加额外装饰，其主要功能为承担结构性作用（图6-94、图6-95）。

位于中楣下方的楣被称为子孙梁（垂栋梁），这一构件在客家文化中占据着举足轻重的地位。子孙梁的彩画装饰采用了类六边形的菱形包袱彩绘风格，底色为红色。彩画的中央位置以金色绘制了八卦太极图。在彩画的两端锦幅内，精绘有牡丹花、蝙蝠、如意纹等富含吉祥寓意的图样，这些图案不仅美观，而且深刻反映了客家人对美好生活的向往和追求。彩画的外轮廓装饰层次分明，从内到外依次为绿底金漆的吉祥纹样、金漆线条以及黑底白色几何纹样，整体彩画工艺精湛，展现了极高的艺术价值和文化意义。

图6-94 前堂楣

图6-95 前堂子孙梁彩画

9. 前堂朝向中庭檐廊右梁架

前堂朝向中庭的檐廊右梁架最下方的楄装饰有以祥禽瑞兽为题材的彩画。楄上的筒斗托采用以花卉为题材的木雕工艺，其上方的斗拱有三层（图6-96～图6-99）。

连接的弯板与花块形态自由，弯板主要为实木，并通过卷草纹线条将弯板上的彩画分为两部分；花块则运用了透雕工艺，其题材涵盖了花卉、书卷以及带有吉祥寓意的纹样等。出头同样装饰有花卉等植物以及云纹等象征吉祥的木雕图案。

檐柱的上部装饰有三段彩画，其题材由上至下依次为花鸟、花瓶以及人物。出柱梁头上的彩画则描绘了历史人物的典故，上方有母螃蟹状的木雕构件支撑檩条，有四平八稳以及金榜题名等寓意。

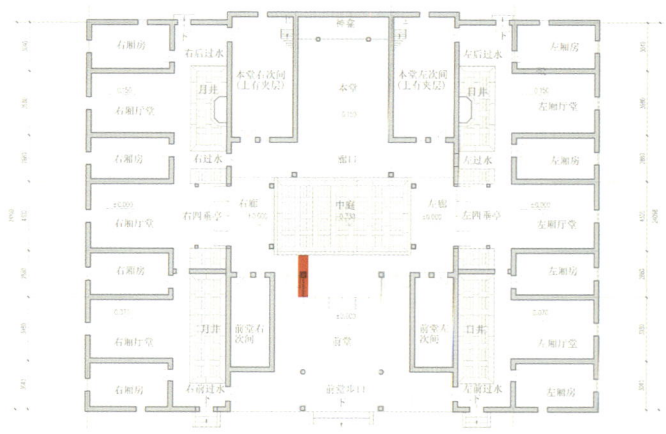

位置示意图

图6-96 前堂朝向中庭檐廊右梁架（2009年）

图6-97 前堂朝向中庭檐廊右梁架出柱梁头、螃蟹状榫托

图6-98 前堂朝向中庭檐廊右梁架斗拱、弯板、花块、筒斗托

图6-99 前堂朝向中庭檐廊右梁架（2024年）

10. 前堂朝向中庭檐廊左梁架

左侧梁架与右侧梁架在形式上类似，对应部位的装饰题材也相似。最下方檩的彩画同样采用了以祥禽瑞兽为主题的设计。檩上的筒斗托以木雕形式呈现花卉图案，上方的斗拱结构有三层（图6-100～图6-103）。

连接的弯板、花块、出头在形态与装饰上与右梁架保持一致。

檐柱的上部同样装饰有三幅题材相似的彩画。出柱梁头上的彩画描绘了历史人物的典故，上方有公螃蟹状的木雕构件支撑着檩。

位置示意图

图6-100 前堂朝向中庭檐廊左梁架（2009年）

图6-101　前堂朝向中庭檐廊左梁架螃蟹状榄托、斗拱、弯板、花块、筒斗托

图6-102　前堂朝向中庭檐廊左梁架出柱梁头

图6-103　前堂朝向中庭檐廊左梁架（2024年）

11. 右廊东北侧梁架

右廊为五檩瓜柱梁架。东北侧梁架下方的檩为圆形，上面的彩画装饰是在后期修缮时重新绘制的，内容及精美程度不及原先。彩画端部描绘花卉图样，画肚为花鸟画，画心是《三国演义》的内容。檩下方的雀替采用了透雕工艺，图案包括花卉和卷草纹。檩上方是木瓜、讹角方斗与桐相接，斗上有彩画纹样，桐为八角方形。支撑的檩装饰有彩画，形式为折叠型单包巾，端部题材为花鸟，画心是历史典故。下方为花草题材的木雕雀替。中间变为木瓜桐，直接与圆桐相接的木瓜桐形态变小，圆桐上饰有吉祥纹样（图6-104～图6-107）。

连接桐柱的弯板与花块形态自由，弯板上的彩画内容已模糊，花块大量采用透雕工艺，饰有吉祥纹样等。出头同样采用透雕，题材为花草。靠近中庭的柱子上部有彩画，屐头均为木雕工艺，题材包括祥禽瑞兽和花草等。

位置示意图

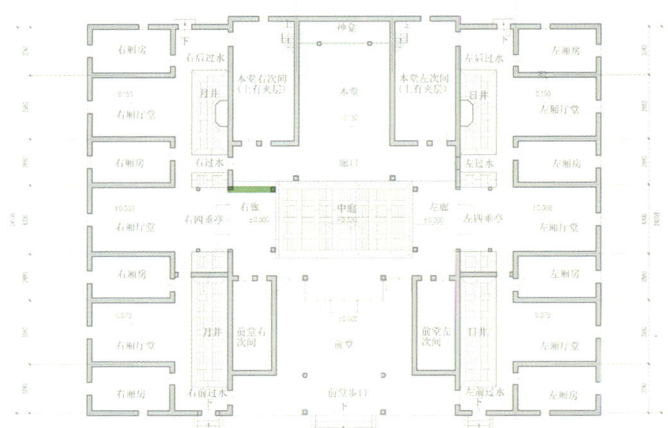

图6-104　右廊东北侧梁架背面（2009年）

图6-105　右廊东北侧梁架檩（2009年）

图6-106　右廊东北侧梁架（2009年）

图6-107　右廊东北侧梁架（2024年）

12. 右廊西南侧梁架

右廊西南侧梁架的装饰形式、工艺以及题材均与东北侧相似。下方的圆形檩经过修缮后，同样重新绘制了彩画。下方雀替的装饰与东北侧保持一致。檩上方的木瓜也相似。

上方短檩同样装饰有彩画。彩画形式与东北侧相似，端部描绘花鸟，画心展现历史典故。短檩下方的雀替采用了透雕工艺，图案为花鸟。上方的木瓜桐与桐柱的形态与东北侧相似，其装饰则有所区别，柱身上绘有白色蝙蝠和鸟等吉祥纹样的彩画。

连接的弯板、花块和出头在形式、装饰工艺和题材上均与东北侧相似。靠近中庭的柱子上部同样装饰有彩画，其装饰风格与东北侧相似（图6-108～图6-110）。

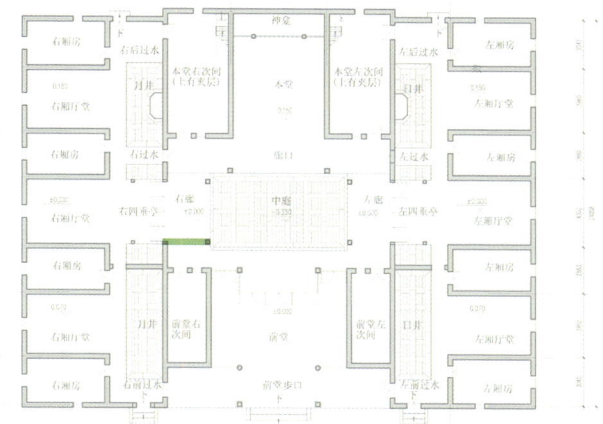

位置示意图

2024年

2009年

2009年

图6-108　右廊西南侧梁架展头、出头、木瓜、檩

图6-109　右廊西南侧梁架（2009年）

图6-110　右廊西南侧梁架（2024年）

13. 左廊东北侧梁架

左廊的梁架形式及装饰与右廊基本一致，但在某些部位有差异。下方的圆形檩经过修缮被替换，彩画也重新绘制，主题与右廊横梁上的彩画相似。檩下方的雀替装饰与右廊保持一致。檩上方的木瓜、斗与桐发生了变化，斗和桐的形式变为八角形，斗的装饰有变化，桐上的彩画变为两段。短檩形态发生了变化，上方出现凸起，彩画形式为折叠型单包巾，彩画内容模糊。檩下方由雀替变为了木雕的吉祥纹样檩腹。上方的木瓜桐变为木瓜，与圆形斗相接，再承接圆形桐柱，柱上有三段彩画，主要为吉祥纹样。

连接桐柱的弯板与花块形态自由，上方同样为实心弯板，有彩画装饰，但相比右廊，两侧弯板的位置更高，卷草纹的卷曲程度更大，彩画内容模糊；花块全部为透雕。出头与右廊相似，靠近中庭侧的柱装饰也相似（图6-111～图6-114）。

位置示意图

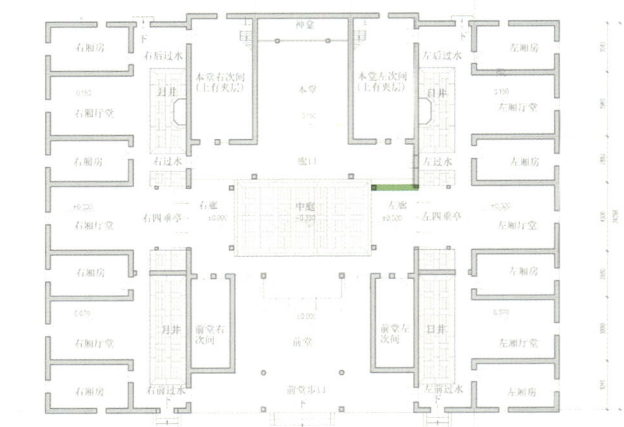

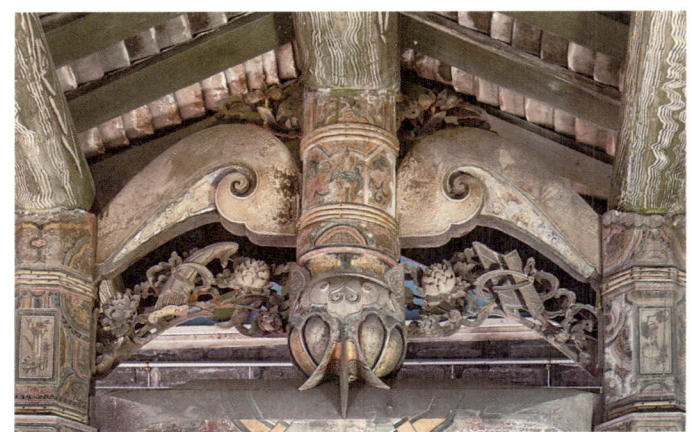

图6-111 左廊东北侧梁架木瓜、弯板、花块

图6-112 左廊东北侧梁架檩

图6-113 左廊东北侧梁架（2009年）

图6-114 左廊东北侧梁架（2024年）

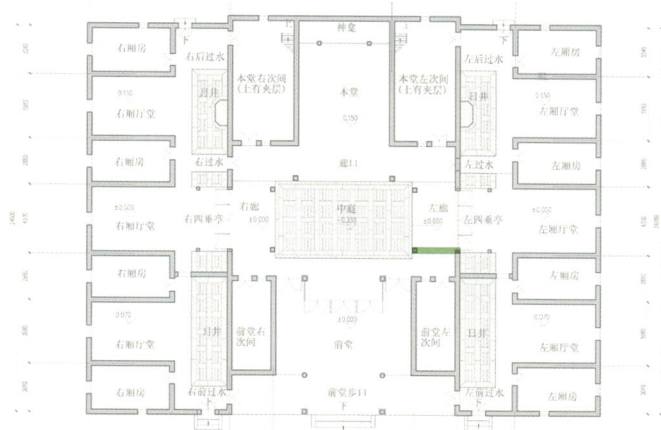

位置示意图

14. 左廊西南侧梁架

左廊西南侧梁架的装饰形式、工艺以及题材与东北侧相似。最下方的檩经过修缮后被替换，并重新绘制了彩画，画心描绘的是《三国演义》中"七擒孟获"的场景。檩下方的雀替装饰与东北侧相同。上方的木瓜、斗以及桐柱在形式上也保持了相似性。

上方的短檩在形式上与东北侧相似，其彩画装饰的题材包括两侧的花鸟图案和中间的历史典故。下方同样由雀替变为檩腹。上方的木瓜、斗与桐柱在形态和题材上与东北侧相似。

连接桐柱的弯板、花块与出头在形态和题材上均与东北侧相似。靠近中庭一侧的柱子上部也装饰有相似题材的彩画（图6-115～图6-118）。

左廊与右廊梁架的对比及自身维修前后的对比如图6-119、图6-120所示。

图6-115　左廊西南侧梁架木瓜、斗、桐柱、弯板、花块

图6-116　左廊西南侧梁架檩

图6-117　左廊西南侧梁架（2009年）

图6-118　左廊西南侧梁架（2024年）

图6-119　右廊梁架维修前后对比（上图摄于2009年，未经修缮；下图摄于2024年，经过修缮）

图6-120　左廊梁架维修前后对比（上图摄于2009年，未经修缮；下图摄于2024年，经过修缮）

15. 右廊和左廊楹

右廊和左廊的楹大多没有彩画或木雕装饰，只有在靠近中庭的楹下方的楣上有彩画装饰，但彩画的内容已经变得模糊不清。楣下方装饰有透雕的雀替，其内容包含了仙鹤、书卷以及带有吉祥寓意的纹样（图6-121～图6-123）。

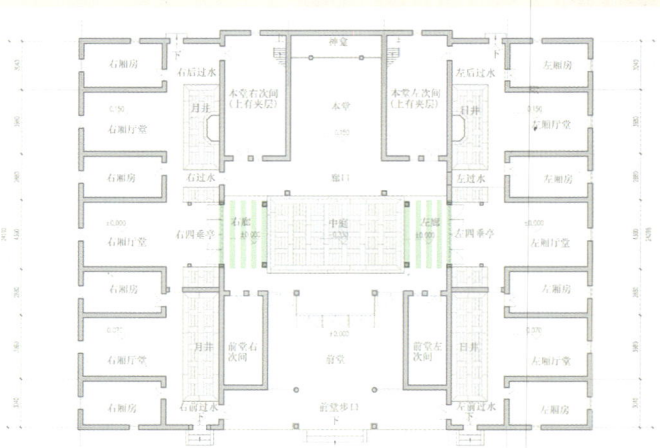

图6-121 左右廊楹（2009年）

图6-122 左右廊楹（2024年）

图6-123 左右廊雀替

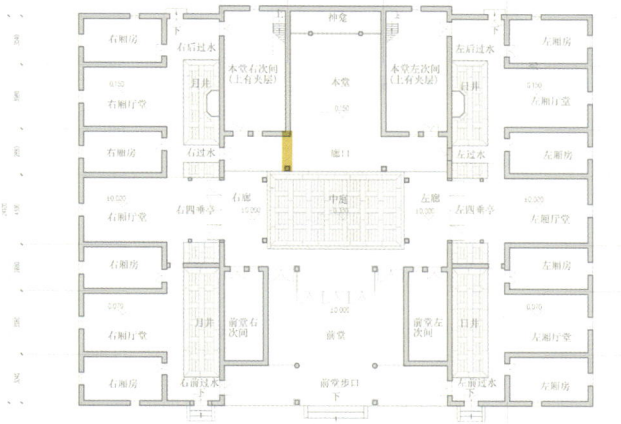

位置示意图

16. 本堂廊口右梁架

本堂廊口梁架采用四檩木瓜斗拱结构，并配有卷棚顶。

右梁架下方的檩呈圆形，饰有彩画。彩画的端部为对称的吉祥纹样，画心为历史典故。檩下方的檩腹采用了鎏金木雕工艺，主题为"喜上眉梢"。上方的木瓜装饰有木雕及彩画。斗下层为八角形斗，上层为讹角方斗，饰有吉祥纹样彩画。拱为整板木雕异形拱。

弯板与花块的形态自由。中间最下方的花块装饰精美，形态向上微曲，上面的木雕题材包括书卷和花瓶，象征着知识与平安，两侧饰有花鸟图案。弯板的木雕采用浮雕工艺，题材包括螃蟹和鱼等。另一块花块采用透雕工艺，题材包括苦瓜和向日葵，中间为鹿、仙鹤、拱桥、塔以及花草等。檐柱的上部分为三段，下两段有彩画，内容包括花篮和吉祥纹样等。柱外侧的出头和屐头采用木雕工艺，题材包括大象与花草等（图6-124～图6-127）。

图6-124　本堂廊口右梁架弯板、花块（2024年）

图6-125　本堂廊口右梁架檩、鎏金木雕檩腹

图6-126　本堂廊口右梁架（2009年）

图6-127　本堂廊口右梁架背侧（2009年）

17. 本堂廊口左梁架

本堂廊口左梁架在形式和装饰上与右梁架大致相同。下方的檩在形态和装饰上也相似，画心同样描绘了历史典故。下方的檩腹同样采用了鎏金木雕工艺，题材与右梁架相近。上方的木瓜斗拱组合与右梁架也相似。

弯板和花块的形式与右梁架基本一致，但在弯曲程度和装饰题材上存在差异。中间下方的花块向上弯曲的程度较小，木雕的题材包括塔、鹿、桥以及花草等；上方的花块题材为带有花瓶的书卷，两侧的花块题材分别为牡丹和菊花。弯板同样通过卷草纹分为彩画和木雕装饰两部分，彩画的内容为花卉等植物，下方的木雕题材包括虾和鱼等。檐柱上部分为不等比的三段，其中下两段装饰有彩画，题材为花篮和吉祥纹样。柱外侧的出头和屐头同样采用了透雕工艺，最下方的题材为狮子与花卉等植物（图6-128～图6-132）。

位置示意图

图6-128　本堂廊口左梁架（2009年）

图6-129　本堂廊口左梁架（2024年）

图6-130　本堂廊口左梁架弯板、花块、木瓜斗拱组合

图6-131　本堂廊口左梁架檩、鎏金木雕檩腹

图6-132　本堂廊口梁架维修前后对比（上图摄于2009年，未经修缮；下图摄于2024年，经过修缮）

第六章　肇庆堂的装饰与细部名录

18. 本堂廊口檩

本堂廊口檩的装饰简单，廊口檩下方的木雕雀替是其主要装饰之一，木雕题材包括凤凰以及吉祥的纹样（图6-133～图6-135）。

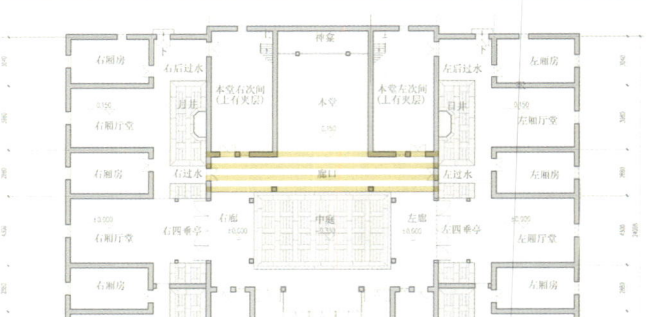

位置示意图

图6-133 本堂廊口檩（2009年）

图6-134 本堂廊口檩条雀替

图6-135 本堂廊口檩（2024年）

位置示意图

19. 本堂梁架

本堂内部的梁架设计简洁，檩条的装饰较少。在檐口处的前福楣、枋上绘有彩画，其中中檩下的子孙梁（垂栋梁）上装饰有八卦图等元素。

外檐口檩下方的前福楣两面有彩画装饰。朝向中庭侧的彩画较模糊，题材应是历史典故。内侧福楣上的彩画分上下两部分，各包含五幅字画。上部分两侧为花鸟画，接着是两幅文字内容：《陋室铭》的名句"山不在高，有仙则名。水不在深，有龙则灵。斯是陋室，惟吾德馨"和'苔痕上阶绿，草色入帘青。可以调素琴，阅金经。 刘禹锡，陋室铭"。中间的彩画内容是龙。下部分大多为花鸟画，其中间是凤凰戏牡丹。

中檩下方子孙梁的彩画为类六边形的菱形包袱形式，彩画中央绘有八卦太极图，配有吉祥纹样（图6-136、图6-137）。

图6-136 本堂梁架

图6-137 本堂梁架前福楣、枋漆画彩绘

20. 右横屋四垂亭梁架

左右横屋的梁架主要体现在四垂亭，形式为四檩驼峰斗拱梁架，并配有卷棚顶。

横屋区域是生活用房，厨房被设置在垂亭过水的外侧。由于长期的使用，狮座等构件遭受污染，原有的彩画也已遭到损毁。

槭的形态为方形，经过修缮后，重新绘制了彩画。雀替采用了木雕工艺，图案为花鸟，内侧的雀替也经过了修缮。槭上方的驼峰同样采用木雕工艺，为麒麟、狮子形态，被认为具有镇宅平安的作用。上方的斗拱结构与前堂步口的斗拱类似。内侧拱为整板木雕异形拱，背侧为装饰简单的方形斗拱（图6-138～图6-141）。

弯板与花块均向上微曲，弯板下部装饰有简单的花卉木雕。花块则大量采用了透雕工艺，装饰题材涵盖了人物、芭蕉扇和花草等。出头同样采用了透雕工艺，檐柱的上部也装饰有彩画，展头同样运用了木雕工艺。

位置示意图

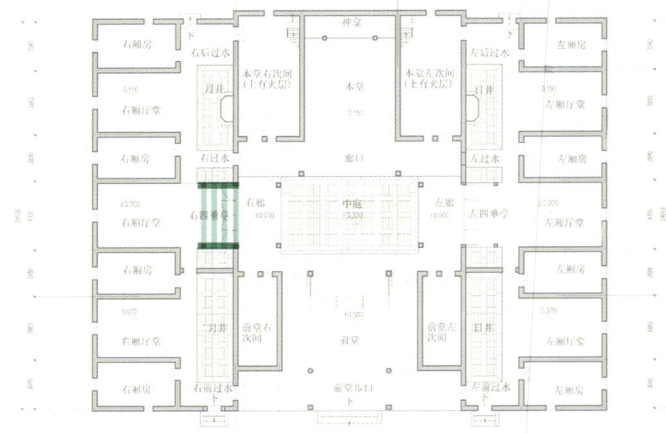

图6-138 右横屋四垂亭梁架背侧

图6-139 右横屋四垂亭西南侧梁架（2024年）

图6-140 右横屋四垂亭东北侧梁架（2024年）

图6-141 右横屋四垂亭梁架麒麟、狮子驼峰

21. 左横屋四垂亭梁架

左横屋四垂亭的梁架在形态和装饰主题上与右横屋四垂亭的梁架相似。下方的槛同样经过了修缮,上面三幅彩画的题材与右横屋的类似。其下方的雀替采用了木雕工艺,图案为花草。内侧的雀替经过了修缮,与原状相比存在一些差异。梁二方的驼峰同样为木雕的一对狮子与麒麟。驼峰上方的斗拱与右横屋的相似(图6-142～图6-146)。

弯板、花块和出头的形式与右横屋相似,弯板主要为实木材质,而花块和出头则采用了木雕工艺,装饰题材包括人物和花卉等。檐柱的上部同样装饰有彩画,屐头装饰有木雕的卷草纹样等。背侧几乎没有装饰。

位置示意图

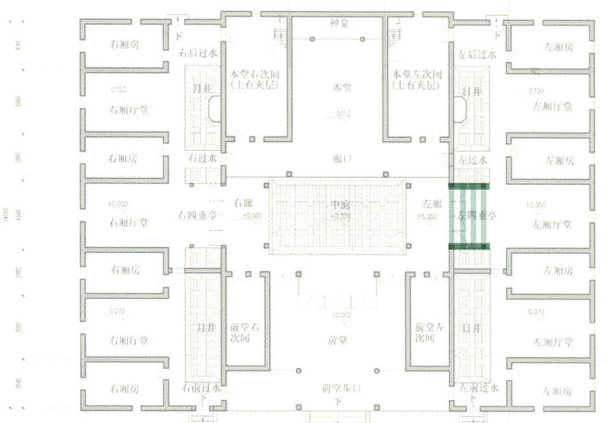

图6-142　左横屋四垂亭梁架背侧

图6-143　左横屋四垂亭西南侧梁架(2024年)

图6-144　左横屋四垂亭东北侧梁架(2024年)

图6-145 左横屋四垂亭梁架（2009年）

图6-146　左、右横屋四垂亭东北侧梁架对比（上为右横屋，下为左横屋，均摄于2024年）

（六）堂横屋柱

肇庆堂横屋的柱主要分为四部分（图6-147～图6-151）：前堂步口处的柱（编号01～04）、中庭处的柱（编号05～10）、本堂的柱（编号11），以及左右廊四垂亭的柱（编号12）。

柱01为方形石柱，柱身未施加装饰，立柱下方配有束腰设计的柱础。柱02同样为方形柱，下方为石材，上方显露木材，饰有彩画；柱础同样采用束腰设计，并雕刻有石雕纹样。柱03为圆柱，下方为石材，上方露出木材，柱础为球形。柱04是方石柱。

柱05涂有漆料，下方是圆形柱础。柱06～09为方柱，下方柱础形态类似。06、07、09柱身下部为石材，上部为木材，08是石材。柱06、07和08柱身上部有彩画。柱10为方形石柱，有石刻对联。

柱11位于神龛，柱身是圆形，柱础是球形。柱12为方形，下方为石材，在支撑横梁的部位露出木材，饰有彩画，柱础同样有束腰。

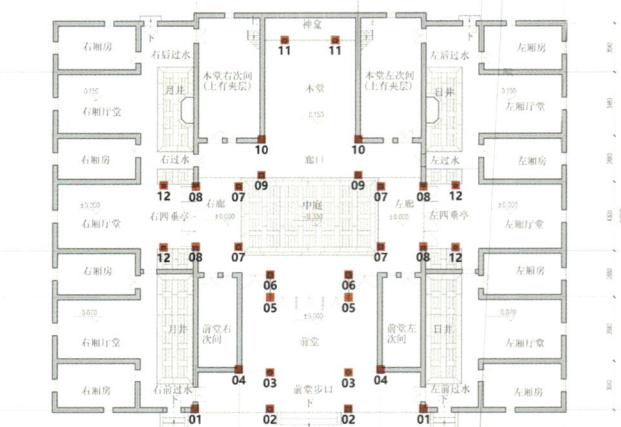

位置示意图

图6-147 柱（编号02）

图6-148 柱（编号05～09）

图6-149 柱（编号09、10）

图6-150 柱（编号01~04）

图6-151 柱（编号09、11、12）

（七）堂横屋墙

1. 堂横屋院墙（中式院墙）

编号为01、02、03、05的院墙为形式较为传统的中式院墙，这些院墙被归纳在传统的堂横屋部分（图6-152～图6-155）。

院墙（编号01）：位于大门附近，其上方装饰有绿釉瓶柱，外框饰有花纹。

院墙（编号02）：未施加额外装饰。

院墙（编号03）：位于后院，其上装饰有由瓦片堆叠形成的铜钱纹样，这种设计不仅具有装饰性，还蕴含着财富和繁荣的寓意。

院墙（编号05）：是典型的中式院墙，配备了八角门和漏窗等传统中式元素，展现了中式建筑的美学特色。

位置示意图

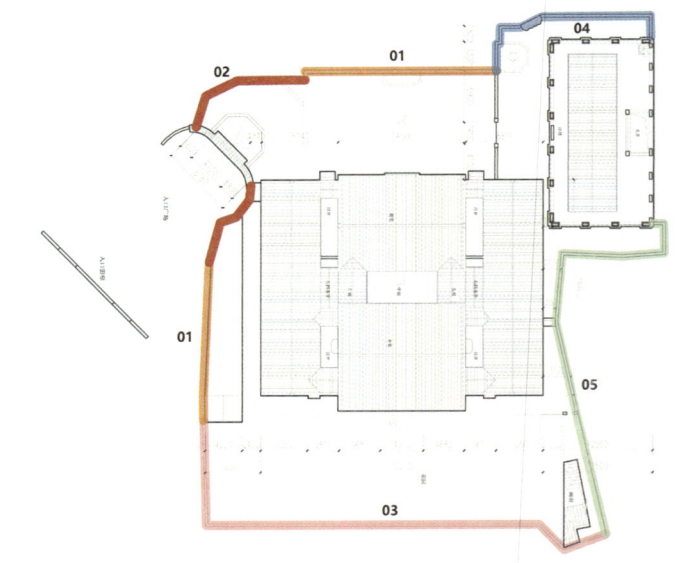

图6-152　院墙（编号01）

图6-153　院墙（编号03）

图6-154　院墙全景（无人机拍摄）

图6-155　院墙（编号05）（无人机拍摄）

第六章　肇庆堂的装饰与细部名录

2. 堂横屋山墙

主屋的山墙涵盖了横屋、前堂以及本堂的山墙。横屋西南侧的山墙是木式，下端使用石材，上部则以砖砌成，墙上设有两段窗户。山墙上部装饰有多段彩画及文字，尽管现状较为模糊，但大多数是山水画。在右横屋西南侧的山墙上，可以辨认出的文字包括"远望西北三千里，近看江南十二州。好景一时观不尽，天缘有份再来游。"这些诗句来源于清朝乾隆皇帝游历江南时的创作，仿佛屋主认为肇庆堂为艺术品，多年后会吸引众多朋友前来参观。东北侧的山墙为水式，装饰风格与西南侧类似。前堂与本堂两侧的山墙则采用了火式，但装饰内容同样已变得模糊不清（图6-156～图6-159）。

位置示意图

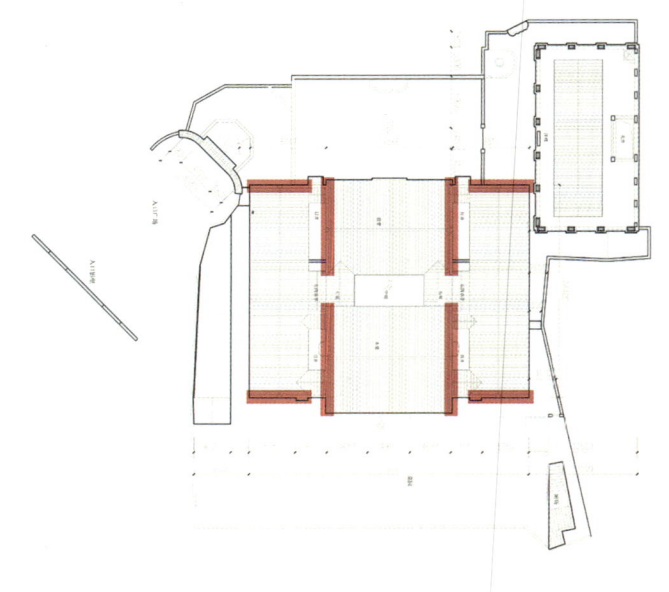

图6-156 堂横屋

图6-157 前堂与本堂山墙（无人机拍摄）

图6-158 横屋西南侧山墙

图6-159 横屋东北侧山墙（无人机拍摄）

（八）堂横屋窗

1. 堂横屋前堂和本堂窗

前堂与本堂次间朝向中庭的窗户（编号01）的窗框采用了多层线条勾勒的设计。窗框以及竖向分隔木条均被巧妙地制作成竹子的形状，这一设计受到了苏轼诗作"宁可食无肉，不可居无竹"的影响。本堂次间东北侧的窗户（编号02）为竖向石条窗，未施加额外装饰（图6-160、图6-161）。

本堂次间的侧窗（编号03、05）在设计上相似，下方为方形直棂窗，窗框装饰有精美的线脚；竖向分隔采用三角形，并同样以线脚勾勒。窗户上方装饰有芭蕉叶图案，曾有题字和漆画，但现状已变得模糊不清。方形窗上方还设有八角形窗户，窗框同样装饰有线脚，没有分隔构件，窗户上方配有窗檐（图6-162、图6-163）。

前堂次间的侧窗（编号04、06）与本堂次间的侧窗相似，但缺少了芭蕉叶装饰，八角形高窗也没有窗檐（图6-164、图6-165）。

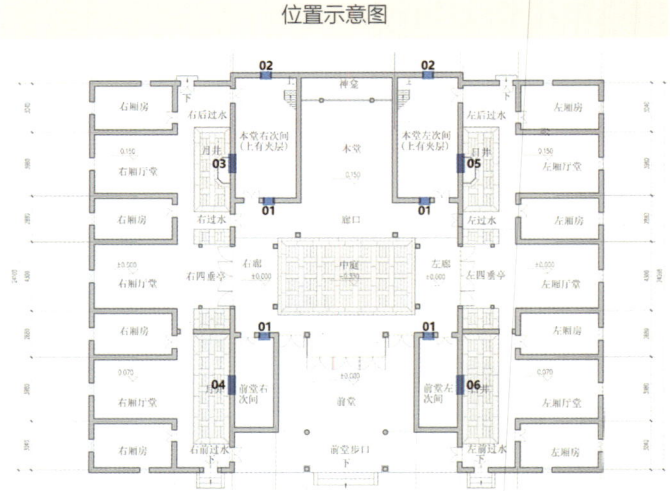
位置示意图

图6-160 窗户（编号02）

图6-161 窗户（编号01）（刘佳栋摄）

图6-162 窗户（编号03）

图6-163 窗户（编号05）

图6-164 窗户（编号04）

图6-165 窗户（编号06）

2. 右横屋窗

右横屋厅堂窗（编号04、05）采用方形窗框设计，并以多层线条勾勒，使用了意大利进口的彩色玻璃，外部运用了西方的铁艺工艺，同时还融入了本土的吉祥纹样装饰。横屋窗户中西方工艺与本土主题的融合体现了肇庆堂中西合璧的特点（图6-166～图6-168）。

右横屋西南侧山墙的窗户（编号01）下部为方形直棂窗，窗框有线脚勾勒；竖向分隔构件形状是三角形，也有线脚勾勒；窗檐有灰塑的纹样装饰。上部的窗户是八角形，窗框有线脚勾勒，展现了中式建筑的美学特色（图6-169）。

东北侧窗户（编号08）同样有两部分，下方窗户窗框有多层线条勾勒。上部是形状接近正方形的传统中式花窗，窗框有线脚勾勒，内部是绿釉瓷材质（图6-170）。

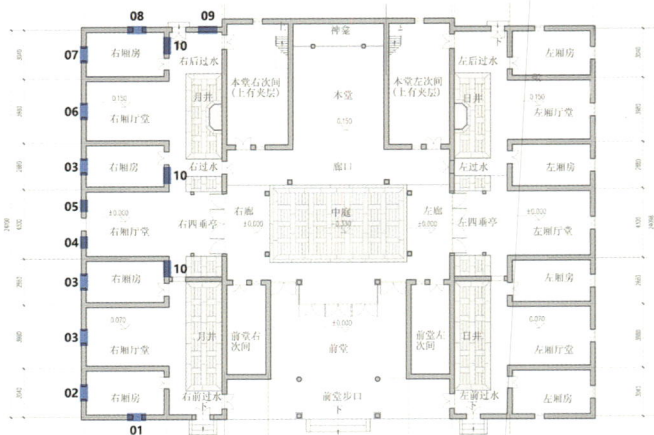
位置示意图

图6-167　窗户（编号04）

图6-166　窗（编号04、05）外部铁艺（利紫晴摄）

图6-168　窗户（编号05）

图6-169 窗户（编号01）

图6-170 窗户（编号08）（刘佳栎摄）

窗（编号02）：方形窗，有竖向的圆形分隔构件，整体设计简洁，没有额外的装饰元素（图6-171）。

窗（编号03）：此窗户为方形直棂窗，窗框装饰有精致的线脚。竖向分隔采用三角形构件，并同样以线脚勾勒（图6-172）。

窗（编号06）：同样是窗框带有线脚的方形窗，内部由竖向的圆形木头分隔。窗框的大部分已经遭受破坏（图6-173）。

窗（编号07）：方窗，有十字状的分隔（图6-174）。

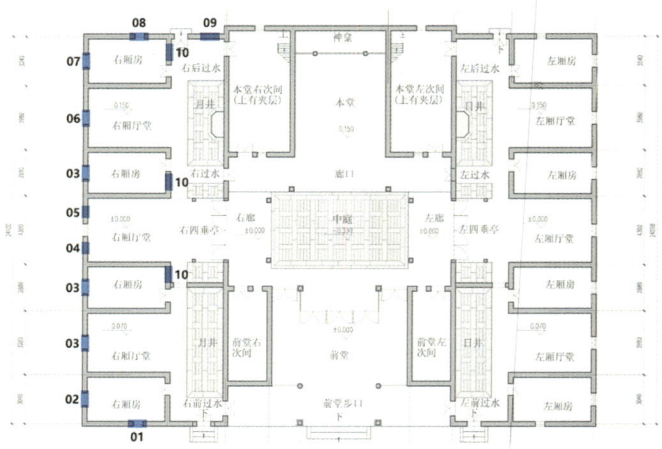
位置示意图

图6-171 窗户（编号02）（利紫晴摄）

图6-172 窗户（编号03）（利紫晴摄）

图6-173 窗户（编号06）（利紫晴摄）

图6-174 窗户（编号07）（利紫晴摄）

图6-175 窗户（编号09）（刘佳栋摄）

图6-176 窗户（编号10）

窗（编号09）：此窗户形态为八角形，窗框带有线脚，内部装饰有吉祥纹样的铁艺（图6-175）。

窗（编号10）：位于右横屋内部，是比较典型的直棂窗。窗框有线脚，相比其他窗户，线条更为简约。竖向分隔采用三角形构件（图6-176）。

3. 左横屋窗

左横屋厅堂的窗户（编号05、06）的窗框经过修补，外部现已无法看到复杂的线脚。这些窗户同样采用了意大利进口的彩色玻璃，每扇窗户由四块不同颜色的玻璃组成，其色彩与横屋隔扇门上的玻璃相匹配。窗户外部装饰有铁艺，其纹样与右横屋的窗户有所不同：外部为几何菱形图案，而内部则采用了本土的卷草纹。这组窗户的设计充分体现了肇庆堂建筑装饰中西合璧的特点（图6-177、图6-178）。

与右横屋厢房厅堂的窗户相比，左横屋的窗户上方增加了窗檐，且窗檐装饰有复杂的线脚。上层线脚呈现微曲形态，带有曲线和波浪的元素，而下层线脚则保持平直（图6-179、图6-180）。

左横屋西南侧山墙的窗户（编号01）以及东北侧山墙的窗户（编号08）在设计上与右横屋的相应窗户相同（图6-181、图6-182）。

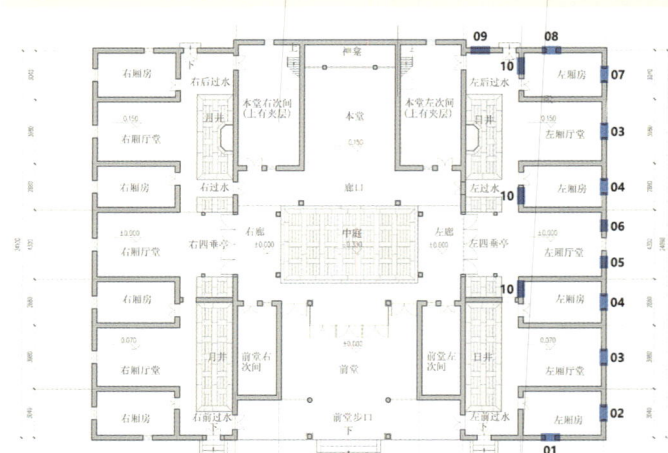

位置示意图

图6-177 窗户（编号05）（右图利紫晴摄）

图6-178 窗户（编号06）

图6-179 窗户（编号04）窗檐

图6-180 窗户（编号07）窗檐

图6-181 窗户（编号01）

图6-182 窗户（编号08）（刘佳栋摄）

窗（编号02）已经过修补，并更新为现代窗户，其内部可见竖向木条分隔（图6-183）。

窗（编号03）为方形窗，窗框部分已脱落，内部暴露出原始的木制窗框和分隔结构，其他部分为后期修补（图6-184）。

窗（编号04）同样经过修补，现已成为现代窗户。新装窗户和窗框与原始位置有错位，而窗檐仍保留其原貌（图6-185）。

窗（编号07）为方形窗，目前没有装饰。其分割构件由竖向圆木构成（图6-186）。

位置示意图

图6-183　窗户（编号02）（利紫晴摄）

图6-184　窗户（编号03）（利紫晴摄）

图6-185　窗户（编号04）（利紫晴摄）

图6-186　窗户（编号07）（利紫晴摄）

图6-187 窗户（编号09）

窗（编号09）呈八角形，窗框装饰有复杂的线脚，内部装饰包括铁艺的铜钱形态（图6-187）。

窗（编号10）位于左横屋内部，为方形直棂窗。窗框上没有复杂的线脚，竖向分隔构件上有简单的线条勾勒。经过修补后，其内部增加了现代窗户，原有的窗户也被重新涂刷了绿漆（图6-188）。

图6-188 窗户（编号10）

二、洋楼

（一）洋楼门

1. 洋楼旁荷叶门

荷叶门的设计融合了西方新艺术运动的特点，该门的形式为拱形，其荷叶状的雨棚和自由灵活的门柱体现了西方建筑文化，巧妙地模糊了建筑与装饰之间的界限（图6-189）。

门上所刻的"三荫"字样，表达了对修建肇庆堂的杨荫垣、杨俊三的纪念。这种将本土题材、西方建筑形式以及传统灰塑工艺相融合的设计，充分展现了肇庆堂建筑装饰的中西合璧特色。

目前，荷叶门为木制门扇，门把手与大门相似，这是后期修缮复原的结果。在未进行修缮之前，为了适应现代使用需求，该门曾被更换为铁制防盗门（图6-190）。

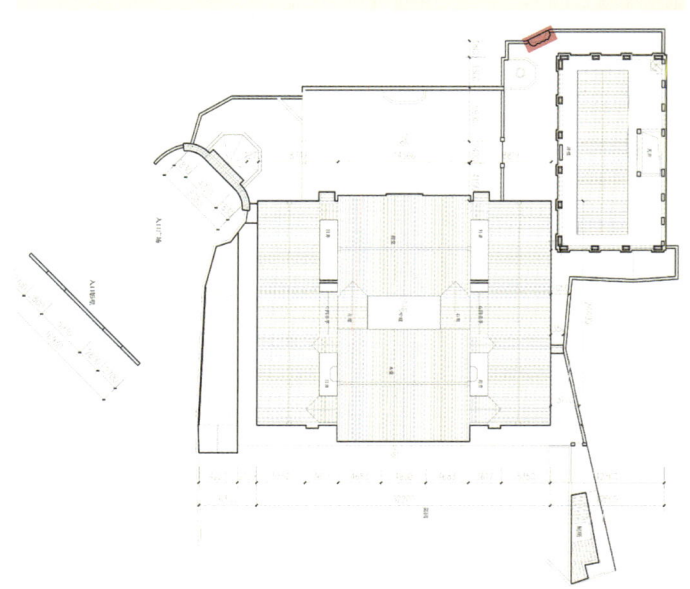

位置示意图

图6-189　荷叶状雨棚（上图摄于2009年、下图摄于2024年）

图6-190　荷叶门内外两侧（左图摄于2009年，右图由郁琳、陈玉庆摄于2024年）

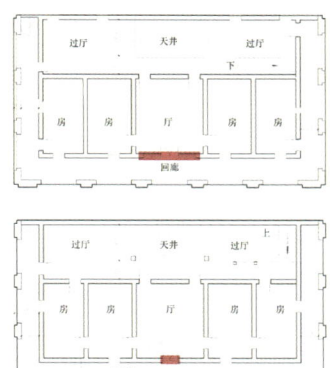

位置示意图

2. 洋楼屋门

洋楼的屋门装饰和类型设计较为简约。一楼中央位置设有一扇木制屋门，其门框采用石材打造，两侧装饰有西式柱式。门上方呈圆拱形，从内到外依次为木框和玻璃、石材门框以及拱形的灰塑装饰，灰塑上饰有牡丹花图案，增添了一抹传统美学的韵味。洋楼二层中央则设有六扇木制隔扇门，其装饰风格同样简约。除此之外，洋楼其他屋门为单扇门（图6-191～图6-193）。

图6-191 洋楼一层东南侧屋门装饰

图6-192 洋楼一层东南侧屋门

图6-193 洋楼二层东南侧屋门

（二）洋楼墙

1. 洋楼院墙（西式院墙）

肇庆堂院墙的一部分被纳入洋楼区域，这一部分的院墙（编号04）采用了在洛可可建筑和新艺术运动影响下的曲线墙设计方法。这种设计手法体现了西方建筑的典型特征，与院墙的其他部分形成了鲜明的对比。

该部分院墙形态自由流畅，明显受到西方建筑风格的影响，与前面的院墙相比存在较大差异，从而形成了中西建筑风格的鲜明对比（图6-194、图6-195）。

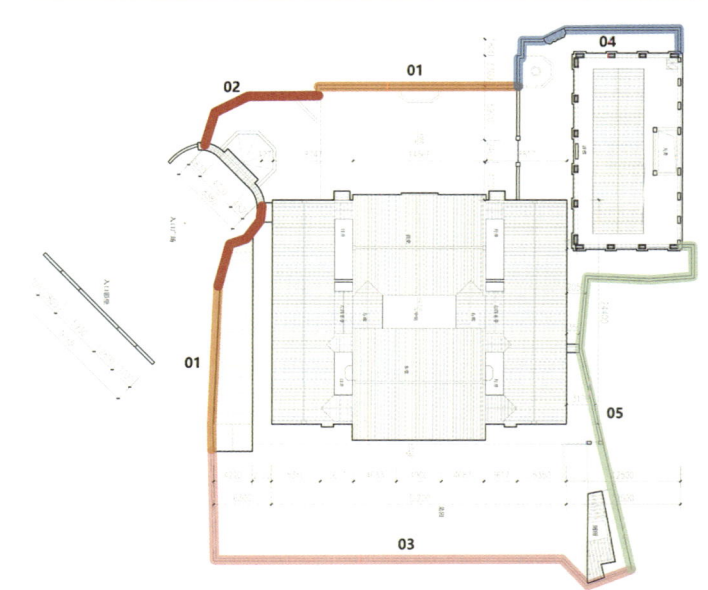
位置示意图

图6-194　院墙（编号04）（郁琳、陈玉庆摄）

图6-195　院墙全景（无人机拍摄）

2. 洋楼墙面

洋楼东南立面的灰塑装饰有六列，整体设计对称。每列均包含八段灰塑装饰，每段装饰都雕刻有多层线脚。这些灰塑装饰按照建筑楼层分段：一层包含四段，二层包含三段，以及屋面层包含一段。

从灰塑的形态分析：自下而上，第一段和第八段相对较低，其形状为更长的长方形，且位置与人的视线角度较大；第二段、第四段、第五段和第七段的高度近似相等，均为高度稍大于宽度的长方形；第三段则是所有灰塑中最高的长方形。

从浮雕灰塑装饰的题材分析：第一列和第二列自下而上，第一段装饰为花卉纹样，第二段以鱼为主题，第三段展示花鸟，第四段描绘动物，第五段为花瓶和花草，第六段为动物，第七段展现花鸟，最后一段即第八段，装饰为花朵纹样（图6-196、图6-197）。

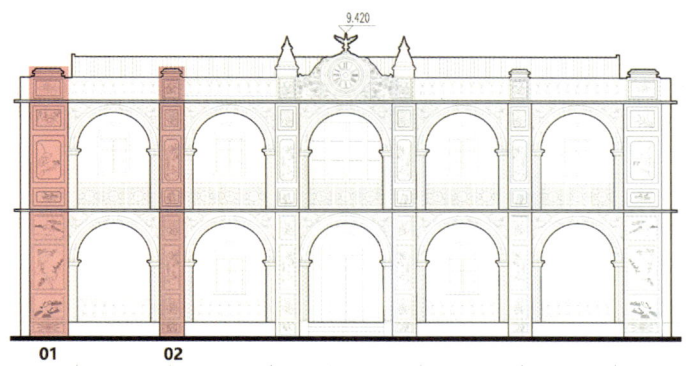

图6-196 洋楼东南立面第一列灰塑（郁琳、陈玉庆摄）[1]

图6-197 洋楼东南立面第二列灰塑（郁琳、陈玉庆摄）

---

[1]图片说明：从此图开始，后续灰塑图片中的序号1~8表示灰塑从下往上的位置。

洋楼东南立面第三和第四列的灰塑浅浮雕在形式和题材上与第一、二列大致相似。然而，从下往上数，第一段的题材有所变化，由先前的花卉形式纹样变为花瓶和花卉等植物的组合；第二段的题材保持为鱼；第三段继续以花鸟为主题，加入了鹤这一元素；第四段描绘的是动物；第五段再次以花瓶和花卉为题材；第六段展示的是动物；第七段回归到花鸟题材；而第八段则以花朵纹样作为结尾（图6-198、图6-199）。

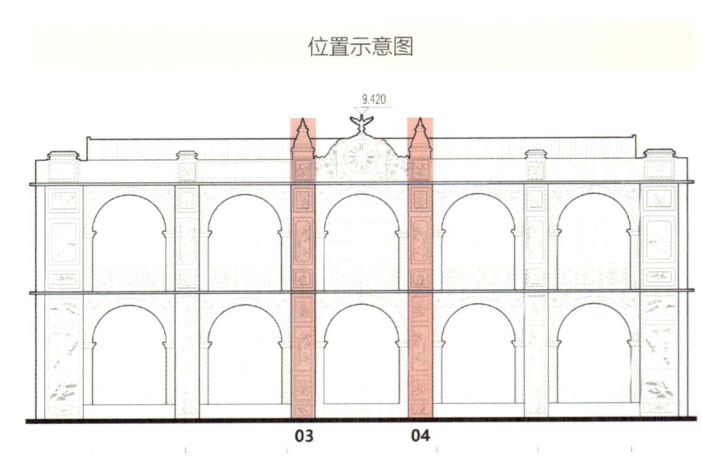

位置示意图

图6-198 洋楼东南立面第三列灰塑（郁琳、陈玉庆摄）

图6-199 洋楼东南立面第四列灰塑（郁琳、陈玉庆摄）

位置示意图

洋楼东南立面的第五列与第六列灰塑在形态上保持一致，题材上也大致相似。具体来说，从下往上数，第一段的题材均为花纹，但也存在一些差异：第五列与第一、第二列的题材相似，而第六列的题材则转变为曲线形态。第二段的题材依旧是鱼，第三段继续以花鸟为主题。在第四段，第五列保持动物题材，而第六列则变为荷花和莲蓬。第五段的题材为花瓶和花卉等植物。第六段中，第五列依然是动物，而第六列则变为花卉等植物。第七段，第五列的题材是花鸟，第六列变为花草。至于第八段，两列的题材均为花朵纹样。总体来看，第六列的灰塑题材与之前的列相比存在较多差异（图6-200、图6-201）。

图6-200 洋楼东南立面第五列灰塑（郁琳、陈玉庆摄）

图6-201 洋楼东南立面第六列灰塑（郁琳、陈玉庆摄）

第六章 肇庆堂的装饰与细部名录

191

洋楼东南立面的拱券体现了西方建筑立面的典型风格。柱及其上方的圆拱装饰有多层线脚，增加了建筑的立体感和细节丰富度。圆拱两侧的装饰采用了本土的灰塑工艺，这些装饰不仅精美绝伦，而且题材多样，主要包括牡丹花、葡萄等植物以及卷草纹。这种西式建筑立面语言与本土装饰工艺和题材的融合，充分展现了肇庆堂建筑中西合璧的独特特点（图6-202、图6-203）。

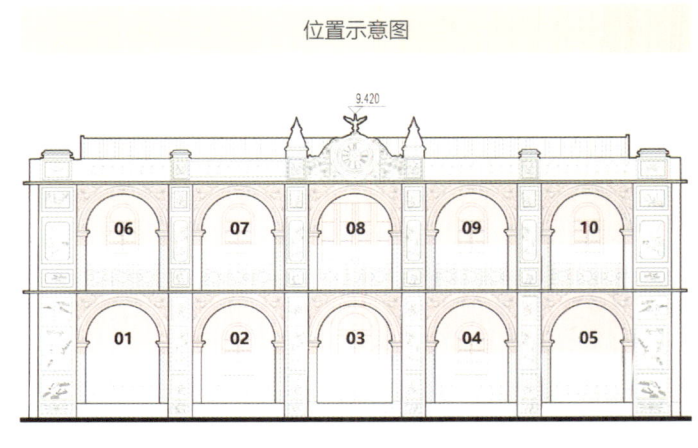

位置示意图

图6-202 洋楼东南立面拱券（郁琳、陈玉庆摄）

图6-203 洋楼东南立面灰塑局部放大

洋楼西南立面外廊的灰塑装饰共分为四列，每列包含八段灰塑装饰，其形态与东南立面的灰塑装饰相似。然而，在题材方面有所变化：在第一列和第二列中，从下往上，第一段的题材为鱼；第二段展示的是花瓶；第三段和第四段均为花草；第五段结合了花瓶和花卉；第六段描绘的是动物；第七段再次以鱼为主题；而第八段则以花卉纹样作为装饰（图6-204、图6-205）。

位置示意图

图6-204 洋楼西南立面第一列灰塑（郁琳、陈玉庆摄）

图6-205 洋楼西南立面第二列灰塑（郁琳、陈玉庆摄）

位置示意图

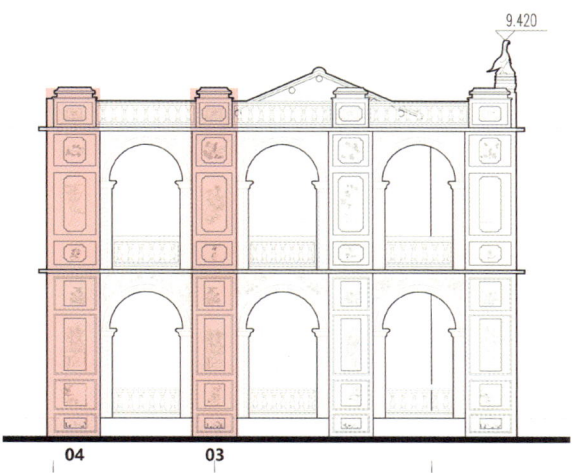

第三列与第四列灰塑的形态和题材与前列大致相同。由于第四列需要与院墙相衔接，其第四段灰塑的形状变为不规则，以适应建筑结构的需求。总体而言，洋楼西南立面每一列的灰塑装饰，从下至上每一段在形态上保持相似，且主题保持一致性（图6-206、图6-207）。

图6-206　洋楼西南立面第三列灰塑（郁琳、陈玉庆摄）

图6-207　洋楼西南立面第四列灰塑（郁琳、陈玉庆摄）

洋楼东北立面外廊的灰塑装饰同样分为四列，每列包含八段灰塑装饰，其形态与西南立面的灰塑装饰相似。题材方面有所变化：在第一列和第二列中，从下往上，第一段的题材为鱼；第二段的题材是家禽，包括鹅和鸡；第三段和第四段均为鹤与花卉等植物；第五段的题材为花草；第六段描绘的是动物；第七段结合了鸟和花草；而第八段则以花卉纹样作为装饰（图6-208～图6-210）。

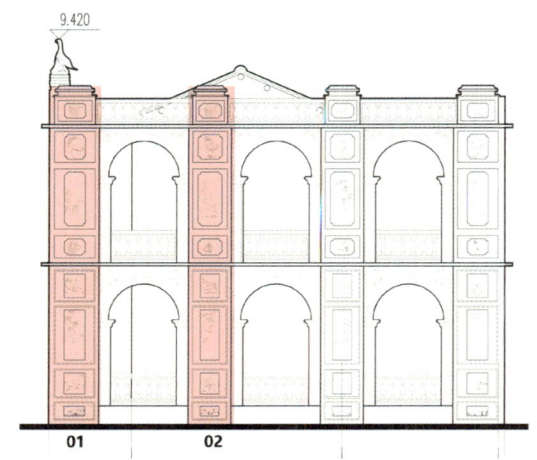

位置示意图

图6-208 洋楼东北立面（无人机拍摄）

图6-209 洋楼东北立面第一列灰塑（郁琳、陈玉庆摄）

图6-210 洋楼东北立面第二列灰塑（郁琳、陈玉庆摄）

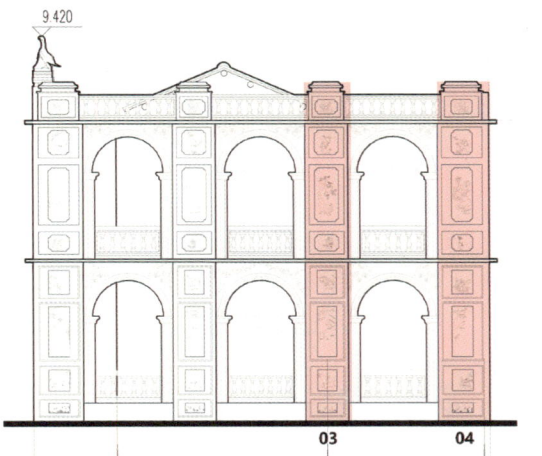

位置示意图

第三列与第四列灰塑的形态和题材与前两列相似。总体而言，洋楼东北立面的灰塑装饰在从下至上的每一段中，形态保持一致，且每段的主题相同（图6-211、图6-212）。

图6-211 洋楼东北立面第三列灰塑（郁琳、陈玉庆摄）

图6-212 洋楼东北立面第四列灰塑（郁琳、陈玉庆摄）

洋楼西南立面和东北立面的拱券在形式上与东南立面的拱券相似，但在装饰题材上有所变化。这些变化包括了丰富的植物图案，如牡丹花和葡萄，以及传统的夔龙纹等。这些装饰元素不仅增添了建筑的美学价值，也反映了文化融合的设计理念（图6–213～图6–215）。

位置示意图

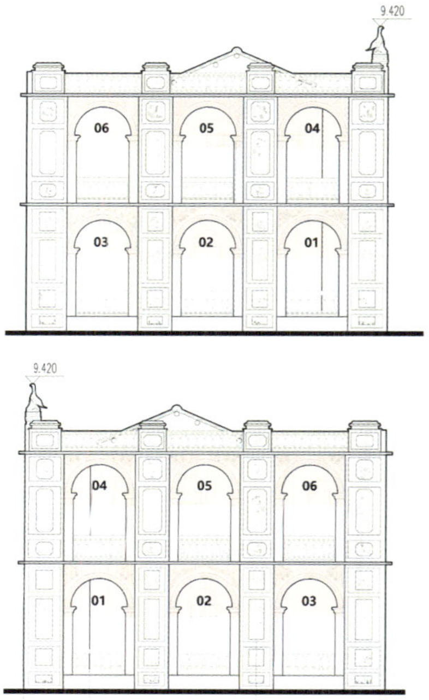

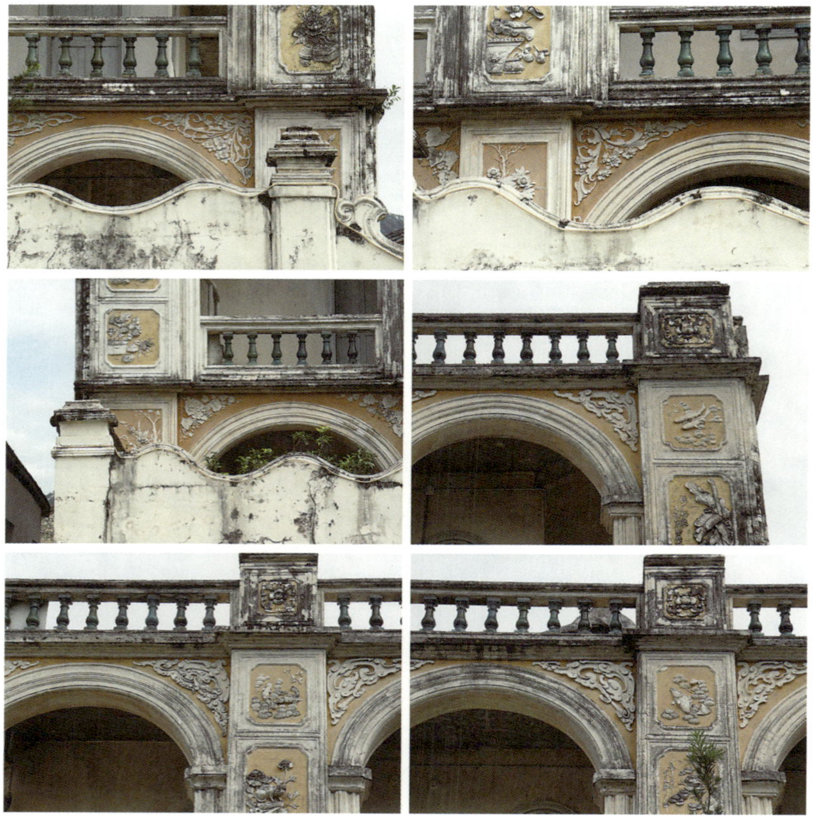

图6–213　洋楼西南立面拱券（郁琳、陈玉庆摄）

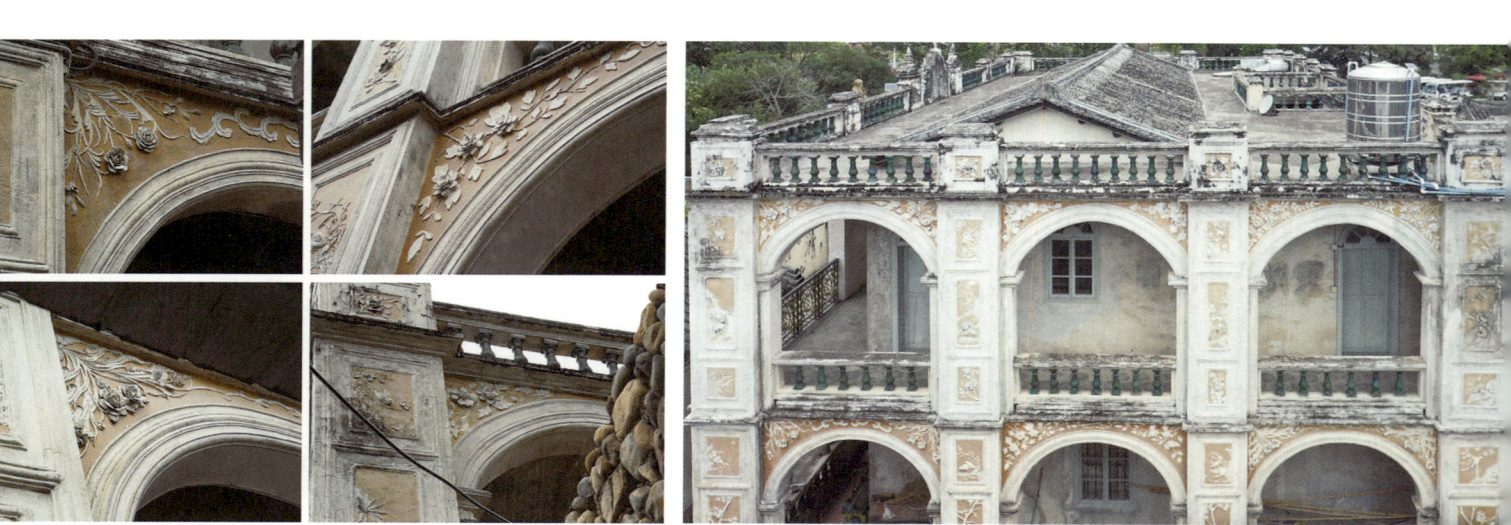

图6–214　洋楼东北立面拱券（左为郁琳、陈玉庆摄，右为无人机拍摄）

图6-215 洋楼西南、东北立面灰塑局部放大

位置示意图

洋楼西北立面的装饰较为简约，未采用灰塑装饰，仅设有功能性的窗户以满足通风和采光的需求（图6-216）。

图6-216　洋楼西北立面（无人机拍摄）

（三）洋楼栏杆、山花

位置示意图

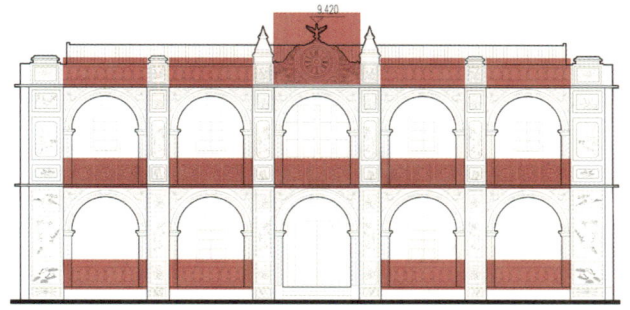

洋楼的一、二层以及屋顶层均设有栏杆。一层和顶层的栏杆均采用绿釉瓶柱设计。二层的栏杆经过修补，目前为不锈钢材质，而原先则是采用铁艺工艺，遗憾的是，在"大炼钢铁"时期，原有的铁艺栏杆被拆除。

洋楼顶部的山花装饰以流线形的曲线设计，生动地展现了新艺术运动对这座建筑产生的深远影响。这种设计不仅赋予了建筑独特的艺术魅力，也反映了当时建筑装饰风格的变化（图6-217～图6-219）。

图6-217　洋楼二层栏杆（郁琳、陈玉庆摄）

图6-218　洋楼三层山花（右图为郁琳、陈玉庆摄）

图6-219　洋楼三层栏杆

（四）洋楼窗户

位置示意图

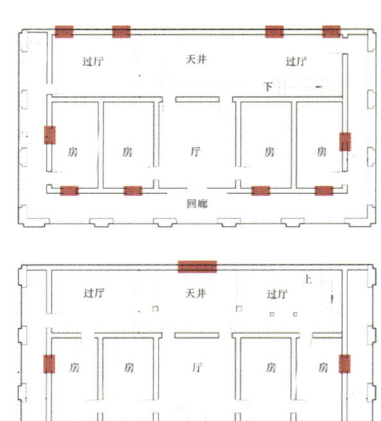

洋楼的大多数窗户在形式上具有相似性，采用了方形与圆拱形相结合的设计，窗框装饰有多层线条。

东南立面窗户上方的圆拱内装饰有木雕卷草纹，这种精美的雕刻增添了窗户的艺术美感。

西南立面和东北立面的窗户整体设计与东南立面相似，但圆拱内的装饰较为简约。

西北立面的所有窗户均为方形，窗户上方设有窗檐。位于天井处的窗户是装饰有绿釉瓷的传统花窗，窗户还配有对联，其内容为"鱼跃鸢飞分上下，天光云影共徘徊"，横批是"静观自得"。这些诗句与禾坪内鱼池上的题字相同，展现了建筑装饰的和谐统一（图6-220～图6-222）。

图6-220 洋楼西北立面窗户（无人机拍摄）

图6-221 洋楼天井处窗户（郁琳、陈玉庆摄）

图6-222　洋楼东南、西南、东北立面窗户

三、其他部位

（一）水井

在大多数客家传统民居中都配备有水井，这些水井不仅用于日常饮水和烹饪，还具有防火的重要功能。肇庆堂中的水井为洋楼和主屋共同使用。水井设计为半个八边形的栏杆环绕，内部是圆形结构。栏杆的下部由石材构成，而上部则装饰有绿釉瓷瓶柱以及带有铜钱纹样的琉璃，这些装饰元素不仅美观，还富有文化象征意义（图6-223～图6-225）。

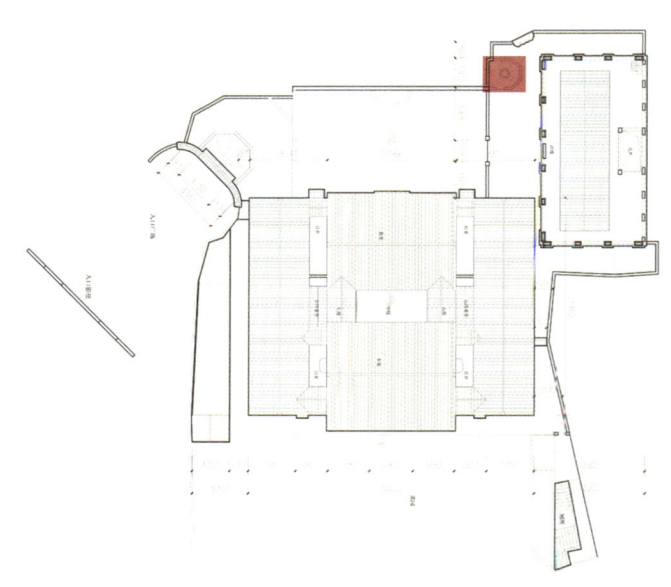

位置示意图

图6-224 栏杆装饰（郁琳、陈玉庆摄）

图6-223 水井（郁琳、陈玉庆摄）

图6-225 水井俯瞰（李宝华摄）

位置示意图

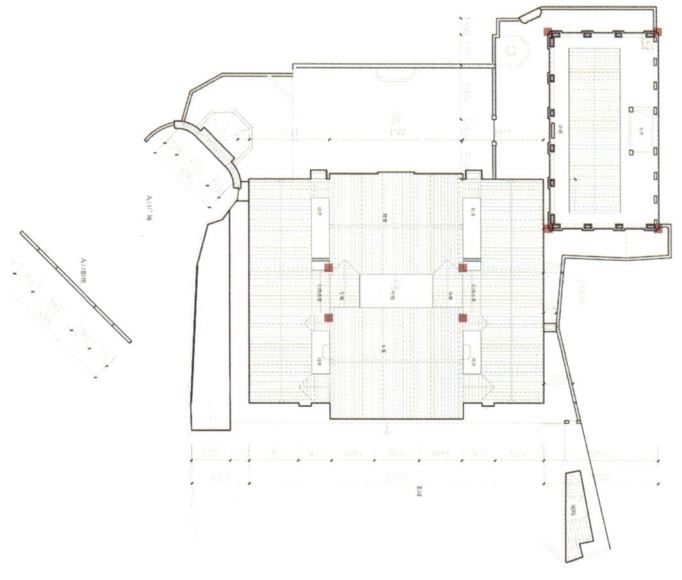

（二）落水管

落水管分布在洋楼外墙转角处、天井和主屋左右横屋四垂亭的两侧。

洋楼的落水管设计采用了竹子的形式，装饰有灰塑工艺制作的竹叶，这不仅满足了排水的基本需求，同时也增添了建筑的美观性。左横屋的落水管同样采用竹子形式，其上部设计为荷叶样式，落水管上方还设有一个圆形的接水口，装饰有花朵的灰塑图案。右横屋的落水管也呈现竹子的形式，上部分别装饰有鱼池和螃蟹形态的灰塑（图6-226～图6-228）。

图6-226 洋楼落水管（郁琳、陈玉庆摄）

图6-227 横屋落水管（右一为右横屋，其余为左横屋）　　　　图6-228 右横屋落水管之一

（三）旋转楼梯

洋楼西北角设有一座旋转楼梯，其尺寸较为紧凑。楼梯围绕中央的一根柱子旋转而上，通往屋面。楼梯的栏杆由竖向排列的圆形木条构成，而踏步未施加额外装饰（图6-229、图6-230）。

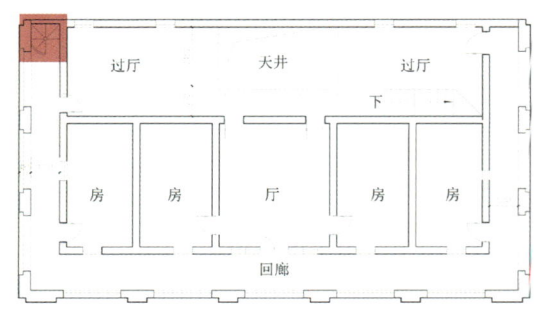

位置示意图

图6-229 洋楼旋转楼梯俯视

图6-230　洋楼旋转楼梯

前堂木瓜

第七章

肇庆堂的保护与发展

DIQIZHANG

肇慶堂

一、肇庆堂的价值评估

对肇庆堂进行价值挖掘,需从多个维度考量,下面从历史价值、文化价值、社会价值及未来潜力四个方面入手对肇庆堂进行价值评估。

1. 历史价值

肇庆堂由一座中式合院和一栋仿西式洋楼以统一的轴线序列组成,这种中西结合的设计在当时极为罕见,体现了清末及民国初年特定历史时期的一种建筑风格。肇庆堂目前结构稳定、构件基本齐全、保存现状良好的特点,使得它成为研究这一时期建筑技术和文化的重要实物资料。

作为百侯镇历史发展的实物见证,肇庆堂不仅凝聚了民间传统建筑艺术的精髓,反映了当地社会经济的演变历程,而且是客家文化的重要代表,同时也是中西建筑文化交流与融合的典范。该建筑见证了近现代中国社会的深刻变迁,其设计和装饰元素生动地体现了当时的社会经济状况、文化背景及审美趋向,其内部保存的名人题字和牌匾,也为研究近现代历史提供了宝贵的实物资料。

2. 艺术价值

(1)建筑风格

肇庆堂主体为一栋堂横屋组合式围屋,围屋西北角为一栋两层洋楼,两者同期建设并先后落成。这种中西合璧的建筑风格,既体现了岭南建筑所特有的朴素中带有轻巧、繁丽中带有淡雅的特点,又展示了同时期西洋建筑的艺术特色。

(2)建筑细节

肇庆堂的建筑细节精美绝伦,运用了灰塑、瓷雕、木雕、石雕和彩画这"四雕一画"的技艺,处处体现对生活、对后辈的美好祝福。装饰工艺体现了潮汕、梅州当地高超的传统技艺,作品繁复精美,堪称客家民居中的极品,充分展现了岭南地区民居建筑的独特风格,具有极高的艺术价值。

(3)建筑科学、技术

肇庆堂内部保留了许多岭南传统装饰技术和工艺,如嵌瓷、彩绘、镂空木雕、灰雕、铁艺等,对于研究和传承这些传统技艺有着重要意义。

建筑群在总体规划、空间结构上体现出注重建筑与环境相适应的巧妙心思，构思讲究，为研究中国古代建筑理论提供了宝贵的案例。

3. 社会价值

肇庆堂作为全国重点文物保护单位是客家文化遗产的重要组成部分，具有广泛的社会价值。它是促进文化交流的重要载体，对于研究清末及民国初期粤东北山区客家儒商的经商与生活史、客家文化与潮汕文化及珠三角文化的交流融合，以及民国时期中西建筑文化交流均有重要价值。

作为百侯历史文化名镇及国家AAAA级旅游景区的重要代表，肇庆堂也是展示与传承中华优秀传统文化的关键场所。通过组织参观、讲解等活动，让更多人了解客家民居建筑的历史和文化背景，可以增强对传统文化的认同感和自豪感。同时，肇庆堂也可以成为青少年教育的重要场所，通过实地参观和学习，培养他们的历史文化素养和审美能力。

4. 未来潜力

随着社会对文化遗产保护意识的提高，以及国家政策的大力支持，肇庆堂的可持续发展潜力将得到进一步提升。通过科学合理的保护更新措施，可以确保肇庆堂的长期存在和传承。在更新过程中，可融入现代科技和创意元素，为肇庆堂注入新的活力。通过创新发展，可以进一步拓展肇庆堂的应用领域和市场空间。

从价值评估的角度看，肇庆堂不仅是珍贵的历史文化遗产，而且在艺术、科学和社会等多个层面都展现出非凡的价值。它的存在对于保护传统文化、促进学术研究以及带动地方经济社会发展均具有重要的作用。在国家重点文物保护的大框架下，肇庆堂应当被高度重视并妥善保护，以确保其能够长久地为后代所用，并继续讲述客家近现代历史和文化的精彩故事。

二、全国重点文物保护单位的保护与活化利用

《中华人民共和国文物保护法》（以下简称《文物保护法》）制定了全面的保护规定。根据该法律，对于全国重点文物保护单位的保护与活化利用有着非常严格的要求和限制。

（1）不可拆除

根据《文物保护法》第二十条的规定，建设工程选址应当尽可能避开不可移动文物；因特殊情况不能避开的，对文物保护单位应当尽可能实施原址保护。全国重点文物保护单位不得拆除，需要迁移的，须经国务院批准。这意味着任何涉及改变文物位置或结构完整性的行动都需要最高级别的审批。

（2）不改变文物原状的原则

在《文物保护法》第十七条中提到，"对不可移动文物进行修缮、保养、迁移，必须遵守不改变文物原状的原则。"这表明即使是必要的修缮工作也必须确保文物的历史风貌和原始状态不受损害。

（3）特殊情况下允许的改造

如果确实因为特殊原因（如基础设施建设不可避免地影响到文物），并且有充分的理由证明无法实施原址保护，则可能考虑迁移异地保护或者采取其他措施。但是，这样的决定需要经过严格的评估过程，并获得相应的政府机构批准，特别是涉及全国重点文物保护单位时，最终批准权在于国务院。

（4）合理利用

虽然直接改造受到严格限制，但《文物保护法》鼓励在确保文物安全的前提下，合理利用文物资源。例如，可以将文物保护单位用作博物馆、展览馆或其他文化教育场所，以发挥其社会教育功能。然而，这种利用方式不应该对文物本身造成破坏或不利影响。

总体来说，全国重点文物保护单位的保护原则是一个综合性的体系，旨在确保文物的安全、完整和真实性，并维护其周围的环境风貌。这些原则的实施需要政府、社会各界和文物管理部门的共同努力和配合。国家级文物保护单位原则上不允许随意改造。任何有关于这些文物的变动都必须遵循"保护为主、抢救第一、合理利用、加强管理"的方针，并且要严格遵守法律法规所规定的程序和要求。只有在极其特殊的情况下，并且在不影响文物价值的前提下，才有可能得到许可进行有限度的调整或迁移。所有相关活动都需要事先得到相关部门的批准，尤其是对于全国重点文物保护单位而言，往往需要国务院的最终核准。同时，《关于加强文物保护利用改革的若干意见》中也对于全国重点文物保护单位的保护利用提出了如建立文物安全长效机制、大力推进文物合理利用、促进文物旅游融合发展等更高的要求。

三、肇庆堂的保护原则

肇庆堂是全国重点文物保护单位，同时又是正在使用的私人产权民居，目前已被纳入百侯名镇旅游区作为重点景点对外开放，每日均有游客进出参观，做到了文旅融合发展。特殊的是，肇庆堂还保留着完善的居住功能，杨家几代人都居住其中。面对这样既有历史价值又有居住功能的文物保护单位时，针对它的保护与活化利用的关键是找到保护文物与改善民生之间的平衡点。

根据相关法律法规与政府建议，肇庆堂的保护与活化利用需要遵循以下原则。

（1）不可改变文物原状原则

根据《中华人民共和国文物保护法》，对不可移动文物进行修缮、保养时，必须遵守不改变文物原状的原则，保留其历史信息的真实性。

（2）尊重居民权益原则

在不影响文物安全的前提下，考虑改善居民的生活条件，比如提升卫生设施、改善照明系统等。但这些改进措施应该经过详细评估，确保它们不会对文物本体构成伤害。

（3）最小干预原则

采取最轻微的方法来满足现代生活的需要，例如安装隐蔽式的电线管道，或者采用可拆卸的家具布置，以便日后可以恢复原貌。

（4）社区参与和社会监督原则

鼓励当地社区参与到决策过程中，听取居民的意见和建议；同时接受社会各界的监督，保证整个过程透明公开。

（5）长期维护原则

制订详细的长期维护计划，包括定期检查、维修保养等内容，以确保改造后的设施能够持续良好运行而不损害文物本身。

（6）科学规划与审批流程

所有涉及文物本体或其周边环境的改造方案都需要经过严格的专业论证，并报请相关部门批准，特别是对于全国重点文物保护单位来说，可能还需要省级乃至国务院层面的认可。

四、肇庆堂的保护与修缮

肇庆堂既是全国重点文物保护单位，又是尚在正常使用的民居私宅，日常有居住在此的三户杨氏后裔，节假日从外地回来省亲的人数是平时数倍。同时，目前肇庆堂的公共部分作为百侯4A景区的一个重要景点，还要担负每日数批近百人的游客参观游览。因此，日常维护和保养以及建筑本体的修复完善都是保护这座文物的重要举措，且这两项工作都同等重要。

首先，肇庆堂兼具国家级文物保护单位和私有财产的双重属性，作为财产拥有者的居民和作为文物保护法定责任主体的政府及相关文保机构部门肩负相互合作、共同保护文物的责任。

从法律的层面上，肇庆堂的拥有者与政府管理部门之间存在法律约束与保护合作的关系。政府作为文物保护的法定责任主体，对私有文物民居肇庆堂负有监管和保护的责任。政府在确保符合文物保护的整体要求和满足城市规划的需要的前提下，有权对私有文物肇庆堂进行管理和规划；政府有权对拥有者的保护行为进行监督，确保其按照法律法规的要求进行保护和维护。

拥有者同样承担着对肇庆堂的保护义务，防止其受到损害或破坏，包括保持肇庆堂原有风貌、结构和功能，以及进行必要的日常修缮和维护，并享有相应正常居住使用的权利。在民居发现重大安全隐患、遭受损害或面临破坏风险时，拥有者应及时向政府相关部门报告，以便政府采取必要的保护措施。

拥有者享有的对肇庆堂的所有权包括：①占有、使用、收益和处分的权利。但需要注意的是，这些权利的行使应受到文物保护法律法规的限制。②知情权。拥有者有权了解政府关于文物保护的相关政策和措施，以及民居作为文物的保护状况和价值评估等信息。③参与权。在对肇庆堂的保护、修缮和利用等方面，拥有者有权参与相关决策过程，并发表自己的意见和建议。

作为文物保护责任主体的政府部门与肇庆堂的拥有者应明确各自的责权，共同致力于肇庆堂的保护和利用工作，处理好公共利益、拥有者利益和社会效益的关系，传承和弘扬客家历史文化，提升客家建筑的文化品位和形象，促进当地旅游业的发展。

其次，肇庆堂的住户和日常管理者在日常维护中应尽快出台引导和保护现有文物本体的规则，包括日常生活中的防火、防盗措施，日常维护、清理、修缮的原则，避免出现善意维修式地损害文物等行为。还应制定游客游览规则，设定线路和保护区域，对重点保护区域设置有形或无形的保护措施，建立安保监控系统，构建多方位的保护。

根据数次的实地调研和访谈记录，针对肇庆堂的维护、维修，下面按照维修性质不同和损坏程度归纳总结了五个方面的维护措施。

1. 建筑安全性修缮

对危害到建筑使用安全的部位进行修复是保护工作中的首要任务。肇庆堂主屋为砖木结构，洋楼为拱券敞廊钢筋混凝土结合木构梁板结构。2014年的维修主要是对其结构进行了修复，尽量保留了原有建筑的结构部件和建筑材料，以最小干预原则对结构部件进行加固处理，对于破坏严重的构件则采用原来相同的材料进行替换，以"修旧如旧"的方式进行修缮，尽力保持历史原状（图7-1）。

图7-1 洋楼楼板结构加固

（1）梁、檩、椽、枋等大木作的构件

2013年对下堂、本堂以及左右廊进行了维修，针对涉及主体结构损伤的部分实施了紧急修复措施，结构安全隐患基本排除。最近一次的勘测主要集中在尚未进行维修的两侧横屋部分，通过初步观察和访谈发现，这部分建筑存在一些问题：部分木构件出现了形变和位移，显然受到长时间老化、蛀虫侵蚀以及屋顶漏水导致的潮湿和霉变等因素的影响（图7-2）。这些问题给结构安全带来了一定的隐患，维修需要对糟朽、弯曲、开裂严重的梁、檩、椽、枋等构件进行更换；对部分原构件采用加固、剔补更替等方法进行结构新维修。由于屋面漏水造成椽条腐烂，需补换新杉木椽；对于尚满足受力要求，可以继续使用的构件则不予更换，但均需作防腐处理，以延长其使用寿命；对于倾斜的部分进行归正加固处理。

图7-2　受潮、虫蛀的檩、椽

（2）柱子

肇庆堂内柱子分为全石柱、石木混合柱。石柱部分基本保存良好，木柱有部分出现开裂。木柱修复包括裂缝修复、糟朽修复两种情况：对于裂缝修复有机械补强法、挖出填补法，应根据产生裂缝的原因选择合适的方法；对于糟朽修复有局部替换和墩接法、环氧树脂修复法、填补法等，应根据糟朽程度选择合适的方法。

（3）墙体

肇庆堂主屋墙体为清水砖墙，洋楼为砖墙外抹灰并装饰灰塑。目前肇庆堂墙体经过两轮修复后保存基本良好，但仍有部分墙体受潮泛碱，表面剥落（图7-3）。

由于肇庆堂处于湿热地区，首先应做好墙体防水防潮的工作。同时，建立长期的墙体健康监测机制，定期检查并及时处理新出现的问题，确保墙体始终保持良好状态，延长其使用寿命，并提升其在湿热环境下的耐久性能。

（4）屋面、楼面

肇庆堂主屋屋顶为木架构铺设瓦片，屋脊上有装饰；洋楼为混凝土屋顶，楼面为木构梁板。2009年系统维修之前，由自然风化、白蚁侵蚀等问题造成了屋面漏水、楼面损坏等情况，经过政府维修后的肇庆堂屋面、楼面现均保存完好。日后要通过频繁的检查延长屋面的保质期，做好防白蚁、防雨水侵蚀等工作，保证整体屋面、楼面结构的稳定性。

图7-3 受潮的墙体

2. 建筑破损构件、细部修缮

（1）门窗构件

肇庆堂的窗户采用了多种材质，包括石质、木质、铁艺、陶瓷、石膏和彩玻等，并且大多数窗框装饰有精美的线脚。院落大门及屋门多为木制，有的还镶嵌了木雕或彩色玻璃作为装饰。然而，由于工艺上的限制，部分窗户在后人修复时未能完全恢复传统原貌；木质门也因年代久远，多数出现受潮和漆面剥落的现象，需要加强防潮措施（图7-4）。因此，有必要对现存的门窗及其构件进行详尽调查，力求按照原有的比例、尺寸、材料和色彩来进行忠实修复。对于那些形式和材料修复不当的部分，应重新进行修正以恢复其原始风貌。

图7-4 亟待修复的门窗

（2）照壁

照壁形式简约大方，但多有受潮泛碱，这不仅影响美观，还可能导致墙体的强度和耐久性下降，应修复墙体，做好防水处理等工作（图7-5）。

图7-5 受潮泛碱的照壁

（3）栏杆

栏杆主要在洋楼二楼，原铁艺栏杆在特定的历史年代被损毁，维修后已做旧复原。经访问调查，该复原栏杆样式仍然与先前有差别，应查询更多的历史资料对该栏杆样式重新考证（图7-6）。

图7-6 洋楼栏杆现状

（4）复原丢失构件

尽管肇庆堂经历两次重大抢修，已保存得比较良好，但仍有一些历史物件缺失，如于动荡年代中丢失的本堂神龛金漆木雕后福楣。可以通过收集有关历史文献、老照片、绘画等资料，访问当地居民或专家，获取口述历史和其他相关信息对其进行复原（图7-7）。

图7-7　现存主屋后福楣

3. 建筑装饰修缮

（1）修缮"保护性破坏"装饰

保护性破坏指的是以保护为目的，但却采用了不恰当的保护方法和措施，使建筑风貌、周边环境被破坏等。

在肇庆堂的数次修缮过程存在着保护性破坏的部位，如：洋楼屋顶原本威风凛凛的老鹰被修复成比例奇怪的雄鸡；主屋前堂檐口的鳌修复与原样有所差距；廊架上的木雕仅仅一面被修复雕刻，另一面只做平面处理；前堂步口嵌瓷因光油失效受损，仅仅用粗糙的技法重绘，狮座修复后与原状差异较大（图7-8）……这些改变显然已经偏了原始建筑的历史真实性。在进行文物修复时，最重要的是遵循"最小干预"和"保持原真性"的原则，尽量恢复其原有的历史风貌。

2025年，肇庆堂将迎来被确立为"国宝"后的第一次大规模维修，也是自建成以来投入最大的维修。预计修缮会涉及屋顶落架维修，则需要特别注重拆除构件的保护工作，尤其是那些具有历史价值的彩画和精致的木雕装饰，确保这些文化遗产能得到妥善保存，避免"保护性破坏"问题再次发生。

（a）前堂檐口鳌前后对比（左图摄于2009年、右图2024年）

（b）《西厢记》的人物彩画前后对比（左图摄于2009年、右图2024年）

（c）狮座前后对比（左图摄于2009年、右图2024年）

图7-8　被"保护性破坏"的装饰

（2）修复损毁后未能复原的装饰

虽然经过两次维修，但肇庆堂还存在着许多损毁后未能复原的装饰，其中以彩画居多（图7-9）。

彩画容易受到光照、湿度、温度等因素的影响而褪色或剥落，如果环境不适宜，即使进行了修复也可能很快再次受损。对于一些特定时期的彩绘图案，如果没有详细的历史记录或参考图片，准确复原难度大；并且，高质量彩画修复耗时且费用高，资金不足会限制全面修复。有时候出于对文物真实性的尊重，遵循"最少干预"的文物保护原则，对于一些损毁较为严重的部分，专家们反而会决定保留现状而不做过度修复，以避免破坏原有结构或信息。

因此，针对肇庆堂内尚未复原的装饰，应在条件成熟、资金充足和技术可行时，依据专家判断，聘请技艺高超的工匠根据历史资料进行细致修复。这样既能保护文物的原始风貌，又能确保修复工作的准确性和持久性。

（a）大门损毁无法识别的彩画　　　　　　　　　　（b）屋门门楣被遮盖的彩画

（c）被厨房油烟熏黑的狮座　　　　　　　　　　（d）无法识别的楣枋彩画

（e）梁架上无法识别的彩画　　　　　　　　　　（f）梁架上无法识别的彩画

图7-9　损毁后未能复原的装饰

(3) 注重修缮过程中的保护

在修缮过程中，保护建筑的特色与完整性是首要任务。为防止保护性破坏及建筑装饰损毁，我们应遵循"最小干预"原则，采用科学的方法和技术手段，确保每一步操作都基于对原有结构和装饰的充分理解和尊重。

修缮工作须由专业的团队执行，他们不仅要具备高水平的技术能力，还要有深刻的文化遗产保护意识。对于那些难以修复或易损的部分，如精美的木雕、嵌瓷以及绘画等，应该采取定制化的保护措施，必要时利用现代科技进行加固和维护，同时尽量使用传统材料和工艺，以保持建筑的历史真实性。此外，建立详细的档案记录也是不可或缺的一环。从前期调研到后期施工，每一个环节都应详尽记录，包括原始状态、病害分析、所用材料、技术方法等，以便日后参考和持续保护。通过这些努力，我们不仅可以使肇庆堂得以完整保存，更能以其独有的魅力继续见证时代的变迁，传承给后代。

4. 建筑空间格局修复

（1）复原损毁的建筑空间

根据实地调查与访问研究，肇庆堂院门入口处的八角亭由于地基不均匀沉降而遭受损毁。现存的平屋顶亭子系为满足当时紧急使用需求而简单建造的，并未依据原貌进行复原（图7-10）。若要对肇庆堂实施深度修复工作，建议通过考证历史档案中的照片及文献资料，以确保八角亭能够按照其原始设计特征和建筑风格得到精准复原。

图7-10　八角亭现状

（2）逐步消除空间中的"使用性破坏"

使用性破坏是指民居建筑在使用过程中的不合理方式导致建筑的肌体或风貌的破坏，例如长期的超负荷使用、擅自改扩建等。这在梅州客家民居中也是一种比较常见的破坏形式。

肇庆堂年代久远，其采光通风、设施配备、使用舒适度方面明显不能满足居民的现代生活方式，于是居民普遍开始自发地改善居住条件，造成传统建筑结构的破坏和风貌的丧失。截至目前，居民已在洋楼旁加建鸡窝，还在肇庆堂主屋两侧横屋天井中自发加建单间淋浴房、洗手池以适应现代化生活的需求，横屋厅堂面貌已与从前大不相同（图7-11、图7-12）。

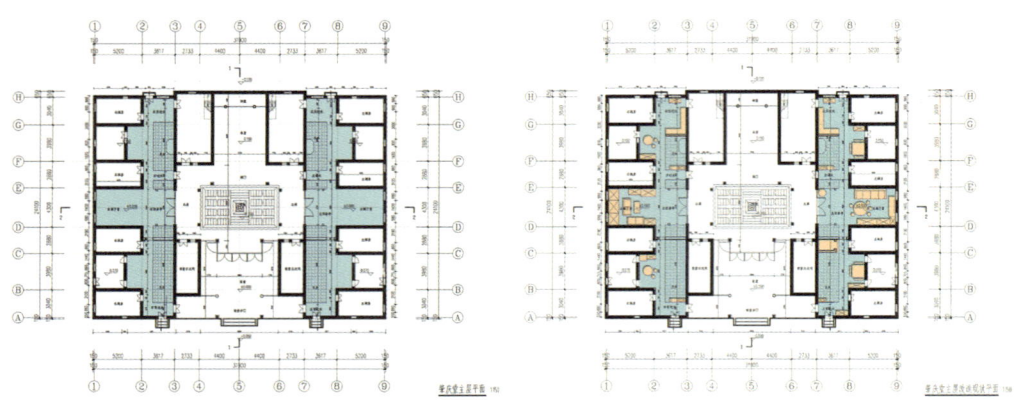

图7-11　肇庆堂主屋原状（左）与现状（右）对比

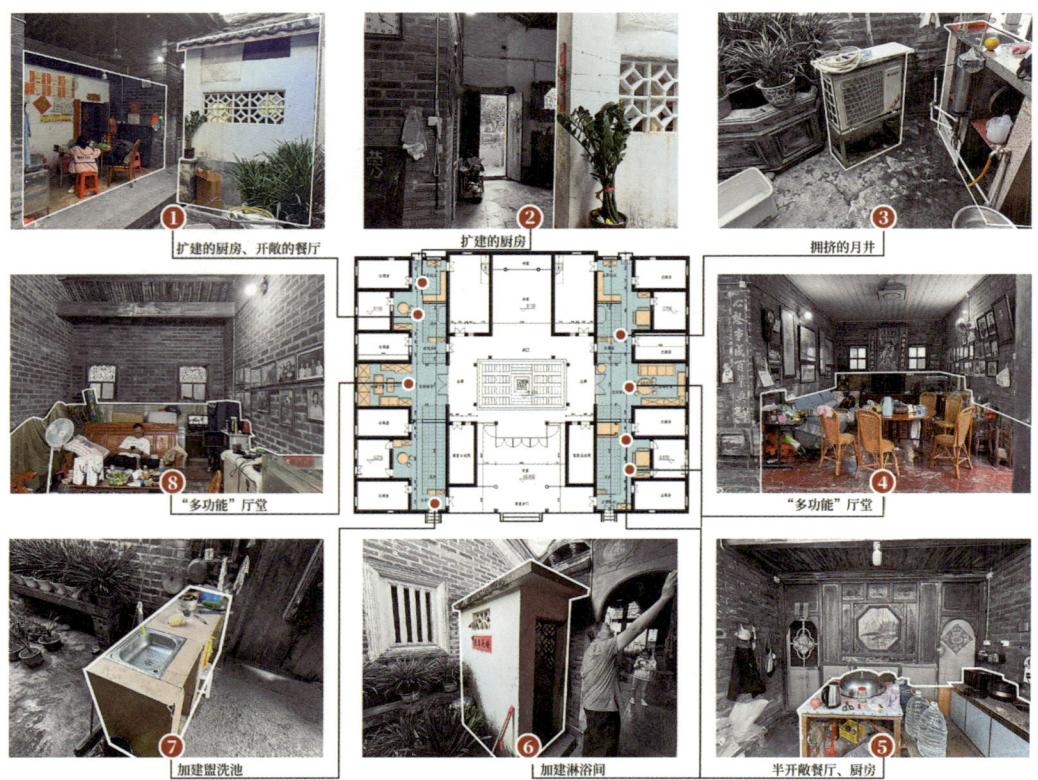

图7-12　肇庆堂主屋的自发改造

未来可以通过洋楼改造、枕屋复原等活化措施满足居民现代化的生活需求，逐步拆除扩建部位，恢复肇庆堂原有形制。

（3）肇庆堂枕屋修建可能性探讨

由于早前建设资金有限，未能完成肇庆堂枕屋的建造，其基础位于现有菜园的地下，这片地块目前作为菜园被居民用于耕作，以补充日常生活所需（图7-13）。

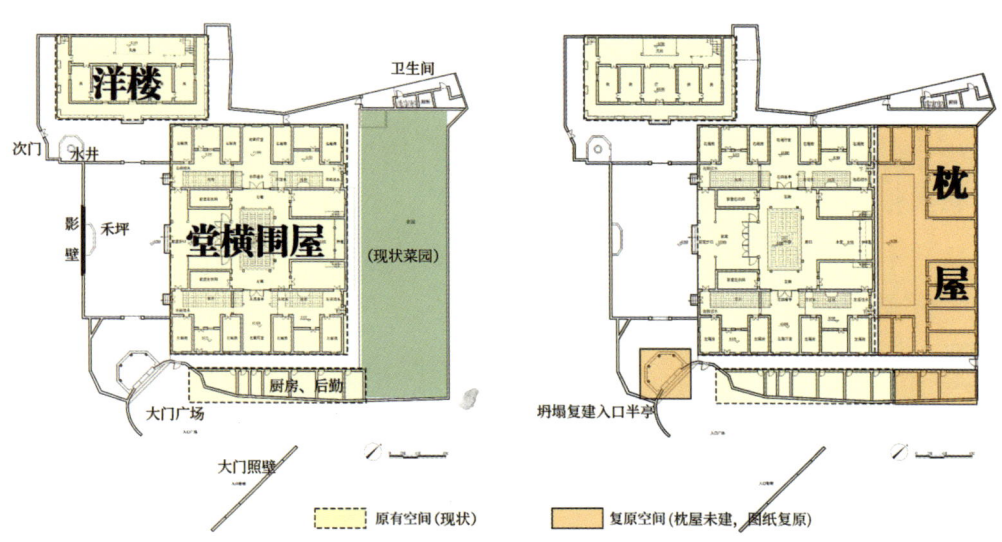

图7-13　肇庆堂枕屋修建平面图

未来如果想新建枕屋，则需要从以下几个方面慎重考虑：

①法律与审批优先

肇庆堂作为国家级文物保护单位，对其本体及其周边环境的保护是一体化的。任何改扩建活动，特别是涉及国宝级别的文物，必须上报国务院批准，遵循《中华人民共和国文物保护法》及其他相关法律法规。这不仅涉及文物本身的保护，还包括确保不改变其历史风貌和完整性。

因此，在考虑新建肇庆堂枕屋时，首要任务是确保所有计划符合严格的法律要求和审批流程，必须按照国家文物局的要求提交详细的修复方案，并经过严格的审核和批准流程。这通常包括但不限于编制环境影响评价报告、获得必要的建筑许可等，这一过程复杂且难度较大。

②文物保护与私有财产权衡

肇庆堂作为国家级文物保护单位，任何对其结构或周边环境的改动都必须严格遵守《中华人民共和国文物保护法》及相关法律法规。这包括确保所有建设活动不会对现有文物造成损害，并且尽可能地保持和恢复其历史真实性。同时，由于肇庆堂属于私有财产，所有者在符合法律规定的情况下有权决定如何使用其土地。

③经济条件考量

新建枕屋需要一定的资金支持，考虑到政府维修费用不能用于此项目，资金来源主要依赖于所有者的个人经济能力或其他合法的融资渠道。如果所有者具备相应的经济实力，那么可以在不违反文物保护法规的前提下探讨加建的可能性。

④技术可行性评估

由于枕屋的基础位于现有菜园地下，重建工作可能涉及考古挖掘、地基处理等专业技术环节。需要邀请专业的文物保护机构和技术团队进行全面的技术可行性评估，以确保施工过程中的安全性和文物保护的有效性。

⑤枕屋新建利弊分析

恢复枕屋不仅能够提升肇庆堂的整体历史文化价值，还可能为当地带来额外的社会经济效益。例如复原后的枕屋可以作为社区活动中心，举办各类文化交流、手工艺教学等活动，增进邻里之间的交流与合作，增强社区凝聚力；也可以与学校合作建立传统文化教育基地，定期开展讲座、展览等活动，让青少年更好地接触和学习本土文化，培养他们对家乡文化的认同感和自豪感。如果条件允许，部分新增空间可以开发成特色民宿，为游客提供更丰富的住宿选择，同时也增加了收入来源，促进了地方经济的发展。

新建肇庆堂枕屋也可能带来一些挑战。施工及新建筑可能会永久性地改变现有景观的和谐美感。随着游客数量的增加，交通疏导、公共安全维护等方面的压力也将增大，需要额外的人力物力投入来保障顺畅和安全。此外，新增的人流量可能对原有建筑结构形成额外负荷，加速材料老化，甚至引发安全隐患，必须进行详尽的技术评估以确保结构的安全性和稳定性。因此，在推进项目时需全面评估利弊，确保在尊重历史和保护文物的前提下实现可持续发展。

综上所述，本次探讨是从传统围屋的完整性和技术可行性的角度出发。然而，考虑到上述法律限制、审批难度及潜在的负面影响，是否真正具备实施条件仍存在很大的不确定性。在没有解决这些关键问题之前，加建枕屋的实际可行性尚存疑问。

5. 数字化技术维护

在未来的肇庆堂保护修缮工作中，运用数字化技术可以更好更精准地对肇庆堂的原始数据记录、信息数字化、维修保护方案模拟展示、全方位数字图像展示、实时监测等方面提供支持，可以提供更科学的保护手段，也可以增强社会参与度和文化传承普及性。

（1）数字化存档

通过高分辨率摄影、无人机航拍和三维激光扫描等技术，可以创建文化遗产的精确数字模型，实现对其结构、色彩和其他特征的详尽记录。这不仅有助于当前的保护工作，也为未来的修复提供了重要的参考数据。

（2）非破坏性检测

使用无人机携带的各种传感器（例如红外热成像仪），可以在不接触文物本体的情况下检测其表面温度分布、材料特性等信息，识别出隐藏的损害或病害部位，从而指导针对性的修复工作。

利用这些先进技术，可以更有效地保存和管理肇庆堂，确保其历史价值得以长久留存。

五、肇庆堂修建大事记

1917年，富商杨荫垣、杨俊三兄弟在大埔县百侯镇侯南村新建了肇庆堂，占地面积为3200平方米，这组建筑群结合了中式和西式的建筑特点。

2009年，肇庆堂被广东省政府公布为省级文物保护单位，标志着其历史价值和文化重要性得到官方认可。

2012年，随着百侯名镇旅游区的成立，肇庆堂成为重点景点对外开放，同时其农田也被征用作为停车场。

2013年，广东省政府投入70多万元人民币对肇庆堂进行了抢救性的修缮工作，主要针对上下堂屋部分，确保建筑的安全性和稳定性的同时对其内部装饰作品进行修复。

2014年，由于洋楼部分出现了结构问题，有塌陷的风险，广东省政府再次拨款100多万元进行专门的修缮工作，保障了该建筑部分的安全。

2019年10月，肇庆堂被列入第八批全国重点文物保护单位名单，进一步提升了其在全国范围内的历史文化地位（图7-14）。

2023年，随着省道S221的建成通车，肇庆堂附近的交通条件得到了改善，该地区旅游业得以发展。

2025年，肇庆堂将迎来确立为"国宝"后的第一次大规模维修，也是自建成以后投入最大的维修，希望这次维修除了能解决肇庆堂的安全隐患，更能够恢复其被损毁的主要空间的缺失部分（如本堂祖宗牌位的龛体、龛门、龛楣以及内部装饰），以及损毁的灰塑、龙纹脊、彩画等，使肇庆堂能较为完整地呈现给世人。

当前实施的维修方案即《全国重点文物保护单位大埔肇庆堂修缮工程勘察设计方案》，已展现出高度的完备性，其勘察工作范围详尽而周密，且秉持的修缮理念与本研究保持一致。然而，该方案在针对被油烟熏黑的木梁架表面彩绘及屋顶嵌瓷等细节修复方面尚存不足，这可能是由相关技术失传或修复技艺尚不成熟等客观因素所致。因此，这些细节的后续维修工作亟需得到更多重视与改进。

图7-14 文保标志碑

参考文献

[1] 吴庆洲. 中国客家建筑文化[M]. 武汉：湖北教育出版社，1970.

[2] 谢重光. 客家形成发展史纲[M]. 广州：华南理工大学出版社，2001.

[3] 谭元亨，黄鹤. 客家文化审美导论[M]. 广州：华南理工大学出版社，2001.

[4] 陆元鼎，魏彦钧. 广东民居[M]. 北京：中国建筑工业出版社，2018.

[5] 陆元鼎. 中国客家民居与文化[M]. 广州：华南理工大学出版社，2001.

[6] 孙永生，潘安. 客家民系民居[M]. 广州：华南理工大学出版社，2019.

[7] 陆琦. 广东民居[M]. 北京：中国建筑工业出版社，2008.

[8] 丘权政. 中国客家民系研究[M]. 北京：中国工人出版社，1992.

[9] 陈志华. 梅县三村[M]. 北京：清华大学出版社，2007.

[10] 中共梅州市委宣传部. 客家民居[M]. 广州：华南理工大学出版社，2012.

[11] 潘安，郭惠华，魏建平，曹轶. 客家民居[M]. 广州：华南理工大学出版社，2013.

[12] 叶小华，谭元亨，管雅. 客都梅州[M]. 广州：华南理工大学出版社，2006.

[13] 陆元鼎，陆琦. 中国民居装饰装修艺术[M]. 上海：上海科学技术出版社，1992.

[14] 楼庆西. 中国传统建筑装饰[M]. 北京：中国建筑工业出版社，1999.

[15] 楼庆西. 中国古代建筑装饰五书[M]. 北京：清华大学出版社，2011.

[16] 吴庆洲. 建筑哲理、意匠与文化[M]. 北京：中国建筑工业出版社，2005.

[17] 林会承. 新竹县北埔姜氏家庙彩绘记录[M]. 新竹：新竹县文化局，2003.

[18] 李哲扬. 潮州传统建筑大木构架[M]. 广州：广东人民出版社，2000.

[19] 曹春平. 闽南传统建筑[M]. 厦门：厦门大学出版社，2006.

[20] 郭焕宇. 近代广东侨乡民居文化比较研究[D]. 广州：华南理工大学，2019.

[21] 汤晔. 基于文化地理学的梅州地区传统民居研究[D]. 广州：华南理工大学，2014.

[22] 薛颖. 近代岭南建筑装饰研究[D]. 广州：华南理工大学，2012.

[23] 王瑜. 外来建筑文化在岭南的传播及其影响研究[D]. 广州：华南理工大学，2012.

[24] 张淇. 大埔县传统民居文化地理学研究[D]. 广州：华南理工大学，2013.

［25］田梦思. 梅州市大埔县百侯古镇聚落形态的近现代演化研究［D］. 广州：华南理工大学，2021.

［26］唐琳. 梅州客家民居历史建筑的再利用研究［D］. 广州：华南理工大学，2013.

［27］齐艳. 广州近代乡村侨居现状及保护活化利用研究［D］. 广州：华南理工大学，2018.

［28］彭金红. 惠州客家民居历史建筑活化利用研究［D］. 广州：华南理工大学，2018.

［29］刘丹枫. 梅州蕉岭高思村堂横屋建筑研究［D］. 广州：华南理工大学，2018.

［30］郑红. 潮州传统建筑木构彩画研究［D］. 广州：华南理工大学，2012.

［31］梁敏言. 广府祠堂建筑装饰研究［D］. 广州：华南理工大学，2014.

［32］王永志. 闽南、粤东、台湾庙宇屋顶装饰文化研究［D］. 广州：华南理工大学，2014.

［33］陈高森. 广府地区传统建筑灰塑装饰的地域性研究［D］. 广州：华南理工大学，2018.

［34］麦嘉雯. 广府传统建筑装饰纹样研究［D］. 广州：华南理工大学，2020.

［35］姜磊. 明清梅州传统木构建筑研究［D］. 广州：华南理工大学，2020.

［36］漆诗征. 闽南沿海地区传统建筑油漆彩绘研究［D］. 泉州：华侨大学，2018.

［37］孟阳. 中国南方民间传统木构建筑榫卯机制［D］. 南京：东南大学，2022.

［38］李树宜. 台湾建筑彩绘传统匠作文化研究［D］. 广州：华南理工大学，2018.

［39］吴庆洲. 梅州侨乡客家民居中西合璧的建筑文化［J］. 赣南师范学院学报，2010，31（1）：13-16.

［40］吴庆洲. 客家围龙屋的哲理意匠与生态智慧［J］. 建筑史学刊，2023，4（2）：22-31.

［41］冀晶娟，肖大威. 传统村落民居再利用类型分析［J］. 南方建筑，2015（4）：48-51.

［42］杨晓川，陈希雯，汤朝晖. 中西合璧的客家民居奇葩——肇庆堂［J］. 华中建筑，2011，29（5）：149-155.

［43］韦锡艳，杨晓川. 肇庆堂装饰艺术与文化内涵［J］. 南方建筑，2011，（5）：89-93.

附录一　2009年申报广东省文物保护单位部分申报资料

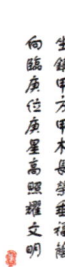

第六批广东省文物保护单位申报

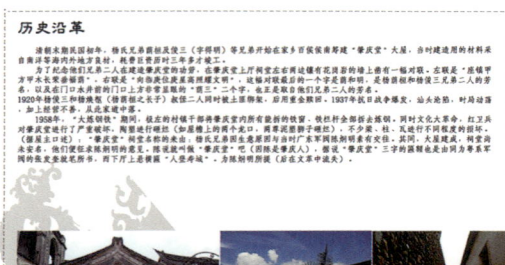

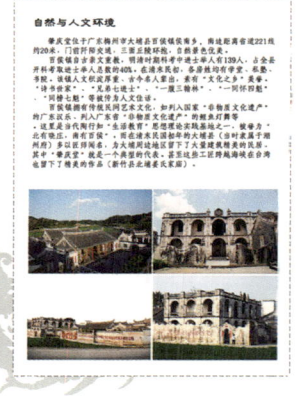

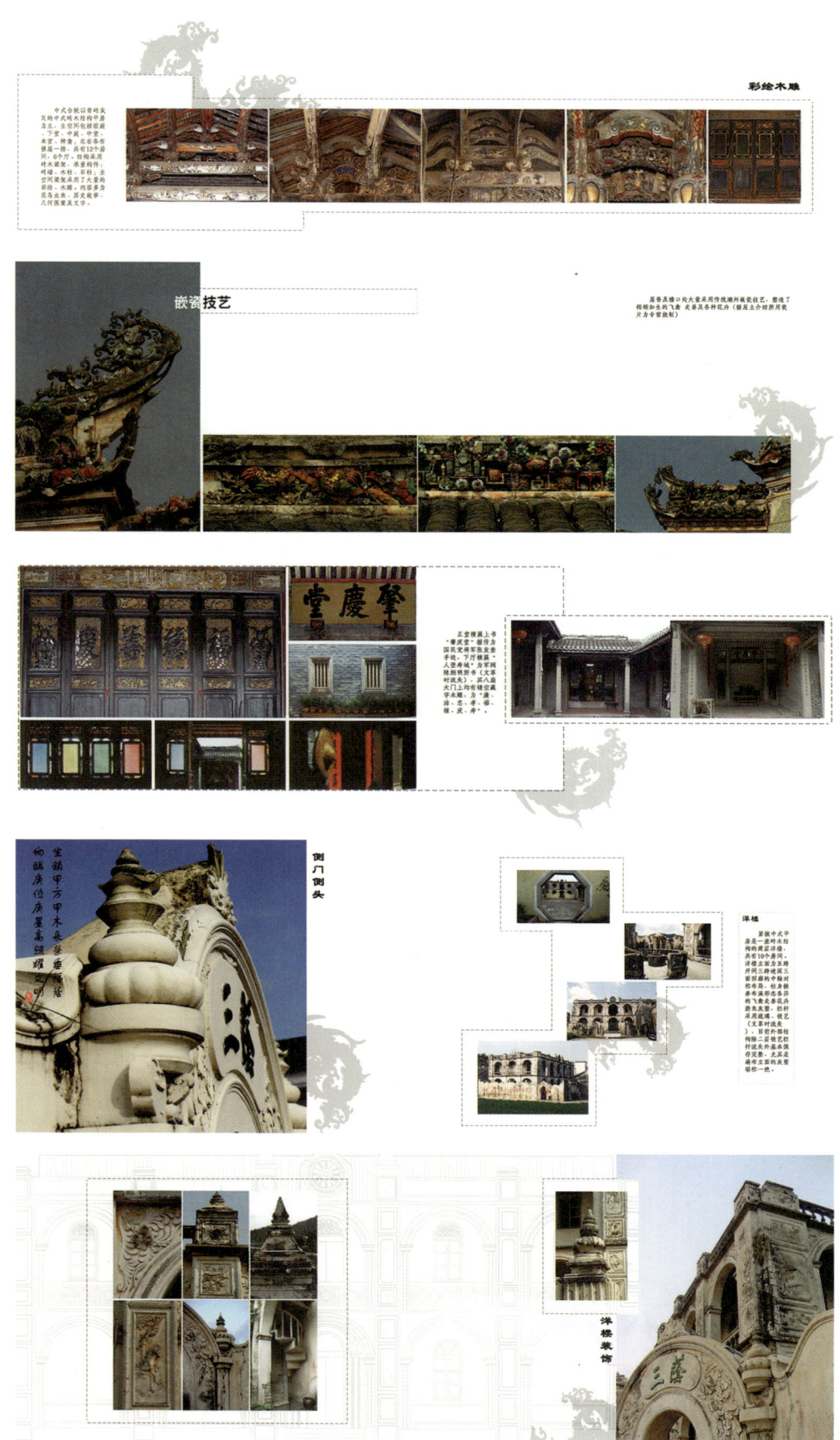

团队调研工作照

附录二 肇庆堂测绘图纸集

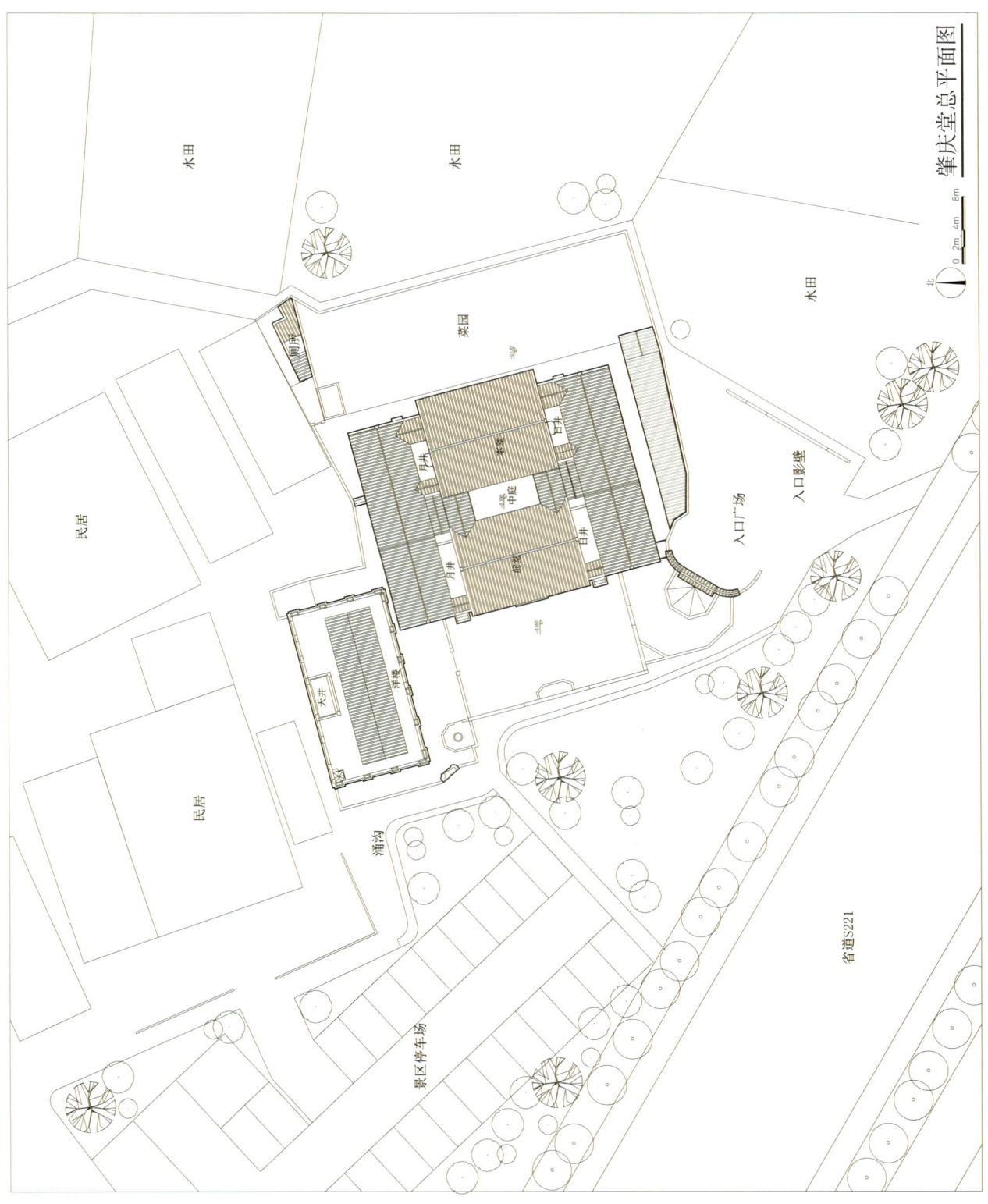

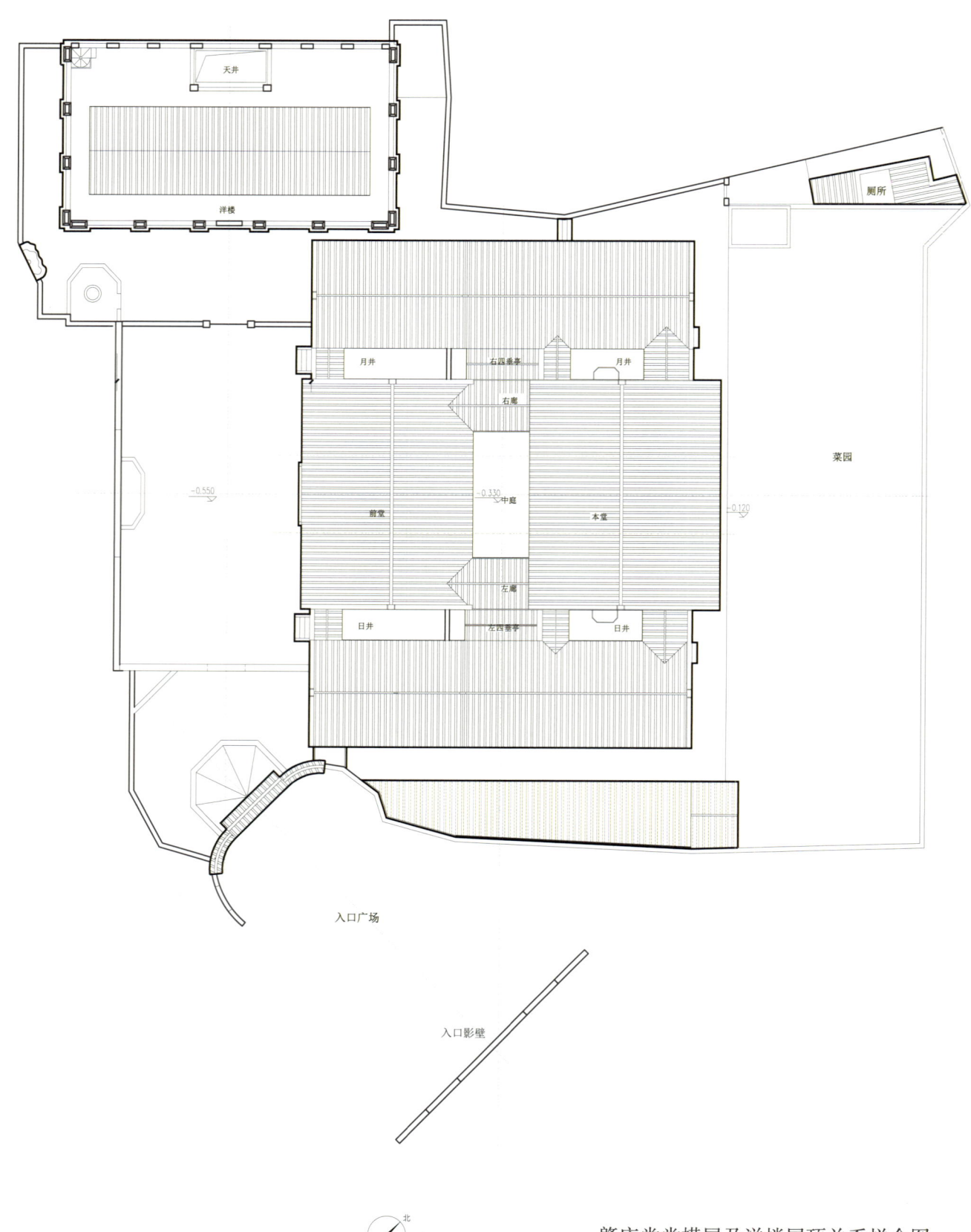

肇庆堂堂横屋及洋楼屋顶关系拼合图

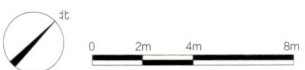

肇庆堂堂横屋及洋楼拼合首层平面关系图

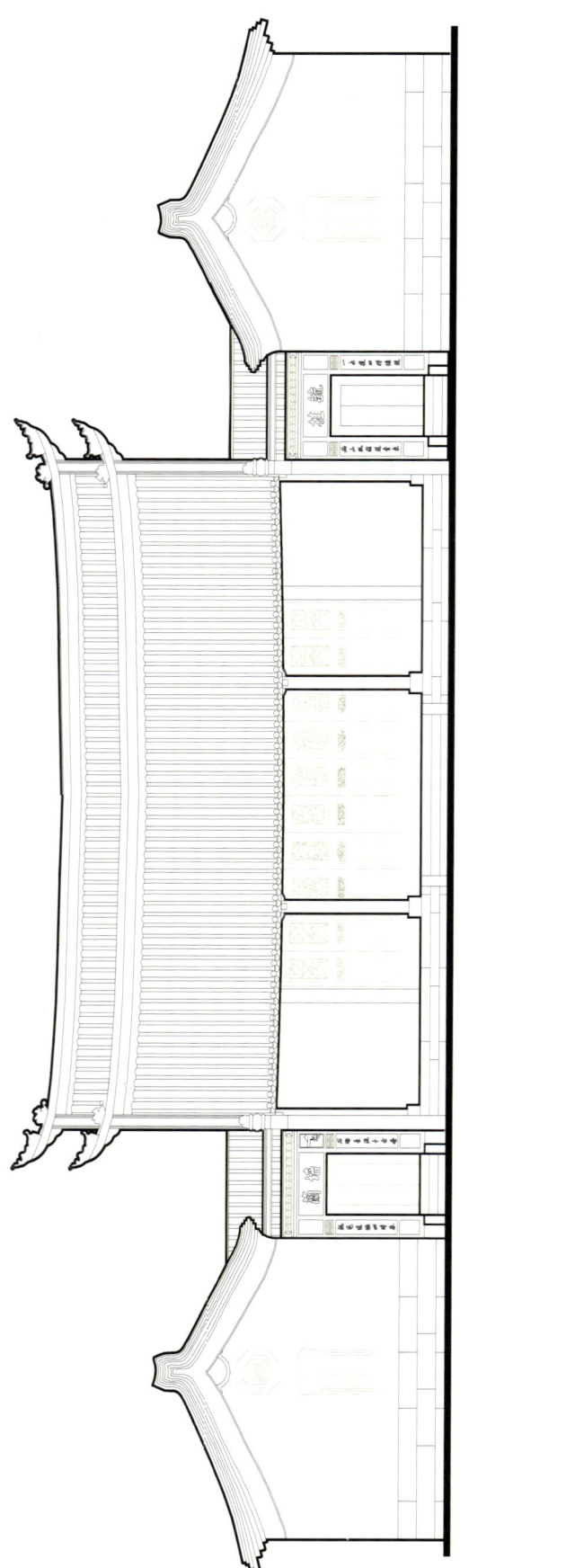

肇庆堂堂横屋南立面

肇庆堂堂横屋北立面

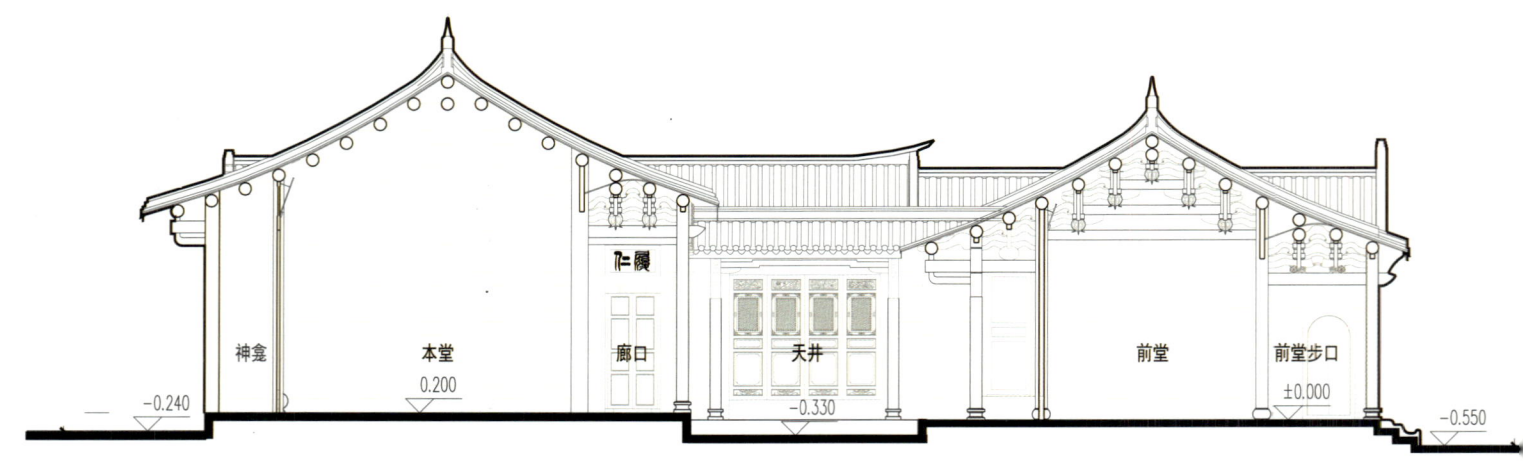

肇庆堂堂横屋1—1剖面

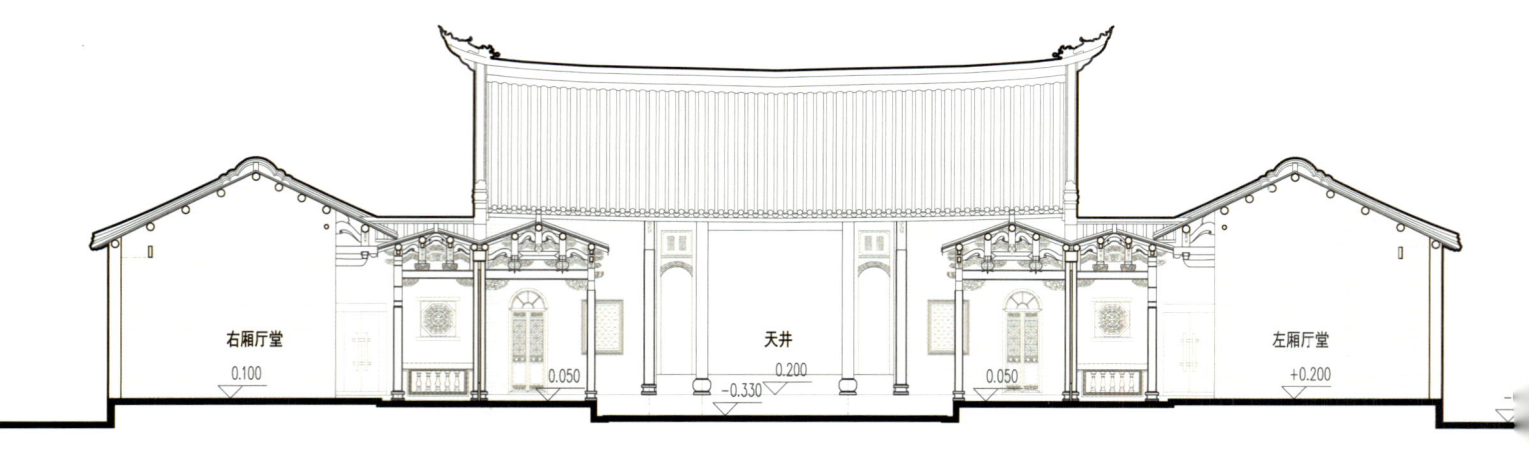

肇庆堂堂横屋2—2剖面

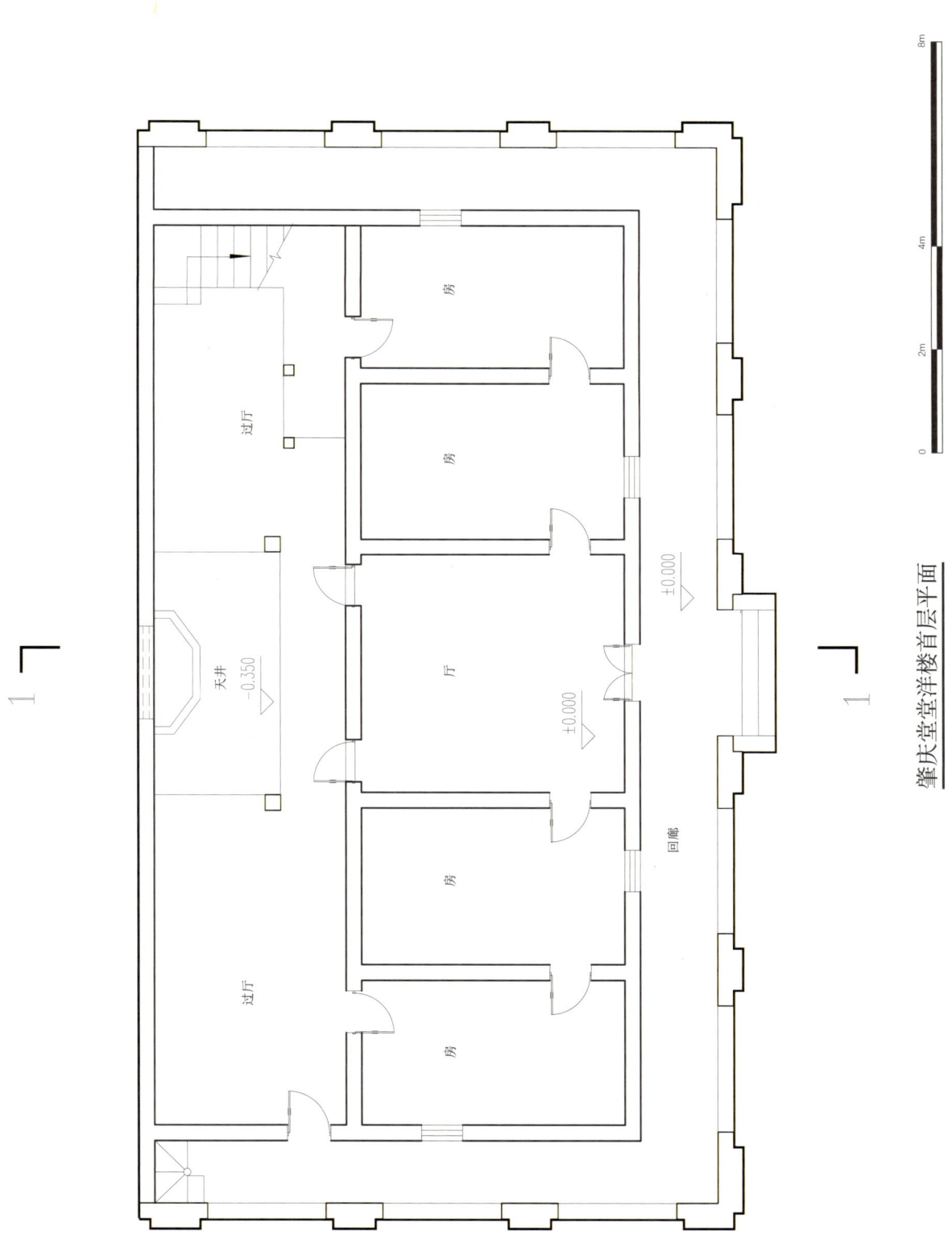

肇庆堂堂洋楼首层平面

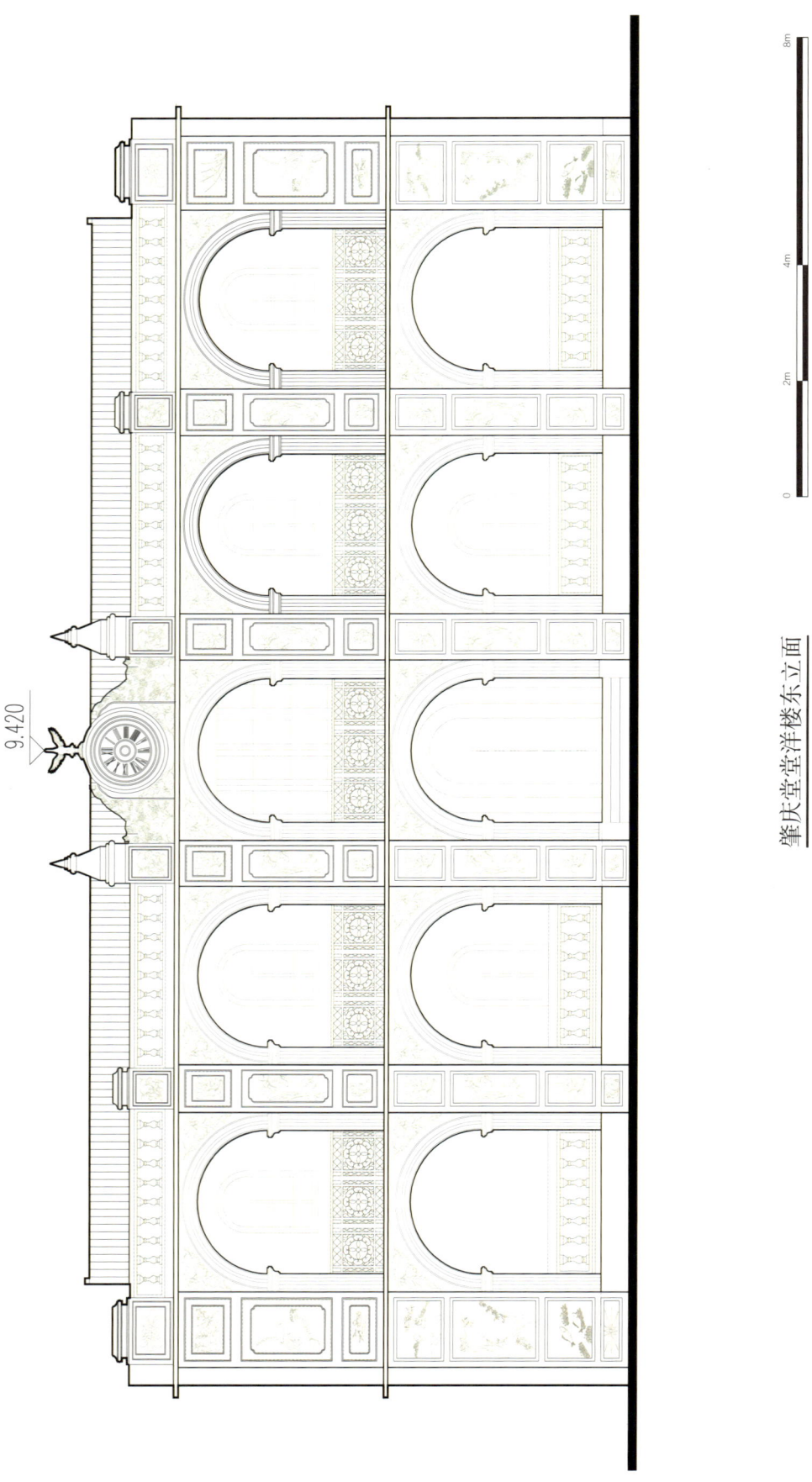

肇庆堂堂洋楼东立面

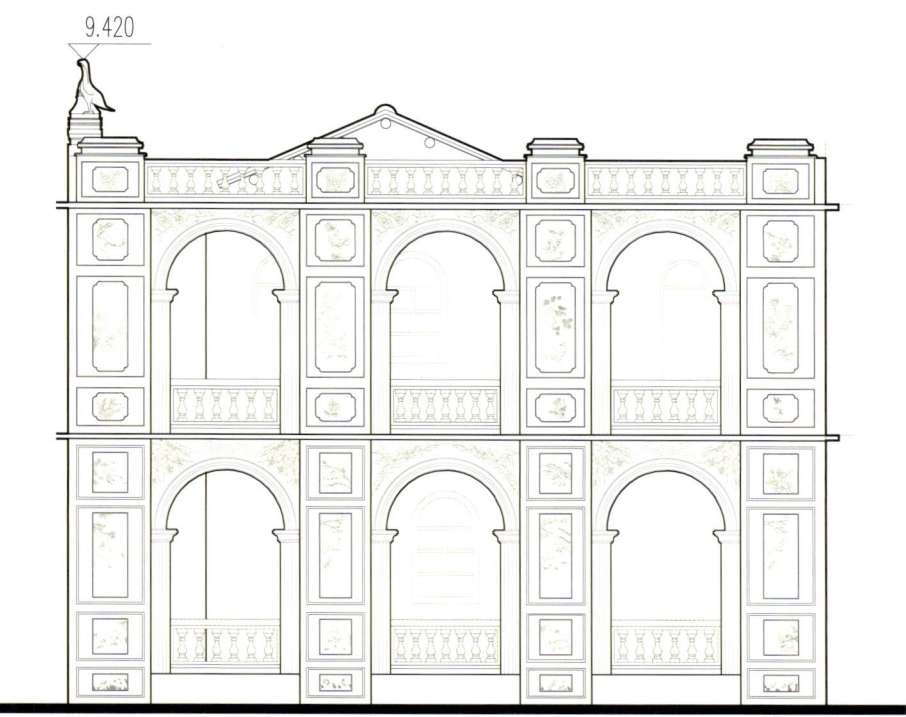

肇庆堂堂洋楼北立面

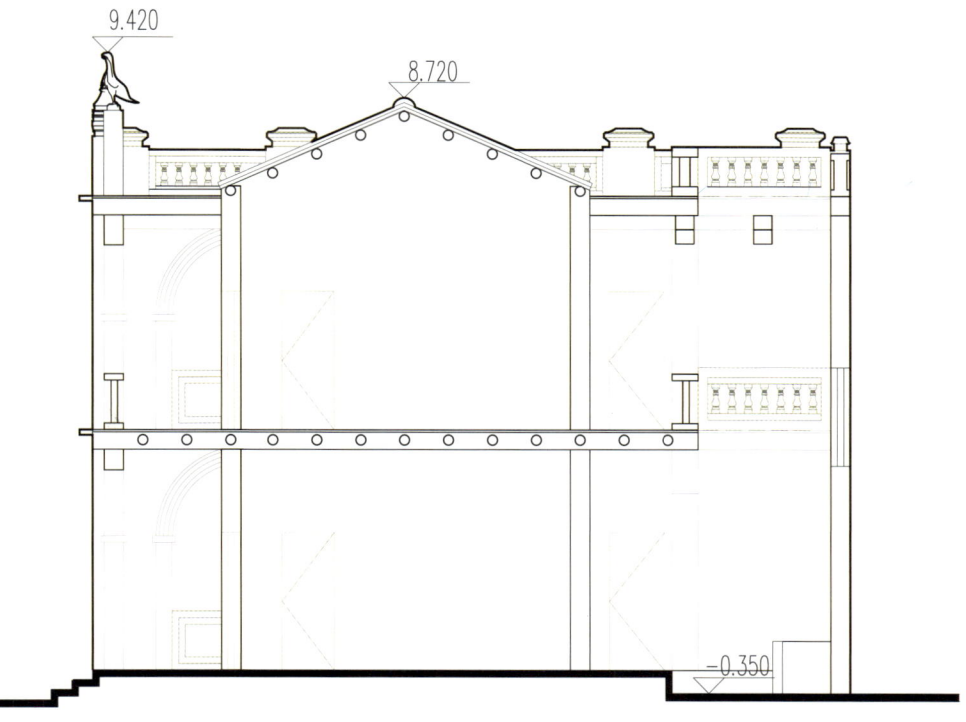

肇庆堂堂洋楼1—1剖面

跋

欣闻《客家民居瑰宝——中西合璧的大埔肇庆堂》成书付印,为这一客家国宝建筑留下完备的档案素材,特撰文记之。缘于我与本书作者的渊源,我对大埔肇庆堂从县级、省级直到国家级文保单位的历程一直有关注。在我看来,这是大埔肇庆堂的三幸:

文化自信使全社会对本土文化载体的保护与研究达到了一个新高度。大埔肇庆堂适逢这一好机会成为国家级文物,既是实至名归,也是时代的赋予,此为一幸。

在申报文保建筑的过程中,得到了如吴庆洲教授、曹劲研究员等专业领域学者的慧眼相助,他们如同识马伯乐,使大埔肇庆堂在众多备选传统建筑中脱颖而出,此为二幸。

杨氏后人中,恰好有本书作者之一的资深建筑师杨晓川,由他带领了李彬彬等一批有共同志向的建筑学人,经多年的现场实测、文献检索与调研访谈,方成此书,此为三幸。

最后要说的是,正是因为当年的杨氏先辈在营建此宅时所具有的文化认知,才为我们留下了这样中西合璧的文化瑰宝建筑,这其实不仅是大埔肇庆堂之幸,而更加是中华文化之幸。

是为跋。

华南理工大学建筑设计研究院副院长 / 副总建筑师

研究员、博导

广东省勘察设计大师

致谢

随着这本《客家民居瑰宝——中西合璧的大埔肇庆堂》的完稿，我们要对那些在调研、测绘、研究、写作过程中给予无尽支持与鼓励的朋友们表示深深的感激。

首先，我们要向多年来为保护肇庆堂这一国宝级建筑文化遗产而执着守护的肇庆堂杨氏家族成员表示衷心的感谢和崇高的敬意。是你们的坚持和呵护，使得这座百年老宅的风采和辉煌得以延续。是你们的执着和勇敢，让这座中西合璧的瑰宝在历次的风雨磨难中化险为夷。杨氏的先辈创造了奇迹，后世子孙则保持并延续了这份精彩。正所谓"创业难，守业更难"，相信你们的努力终将让肇庆堂这颗客家建筑文化的明珠更加璀璨夺目。

我们要感谢华南理工大学建筑学院。这里汇聚了众多为发现、保护肇庆堂这一"遗珠"而付出努力的专家学者。他们在不同时期、不同阶段为我们提供了宝贵的指导和帮助。凭借他们的专业知识、严谨态度以及对客家文化的深厚情感，我们得以将"肇庆堂"这一中西合璧的客家民居瑰宝展示在更多、更大的舞台上，并获得了社会和学界的广泛关注。感谢梅州籍客家文化研究专家吴庆洲教授在申报文保之初的鼎力推荐，以及在书稿成稿过程中逐字逐句的校审；感谢郑力鹏教授的认可与推荐；感谢学院院长彭长歆教授和华工建筑设计院副院长汤朝晖研究员在研究写作中的专业帮助，并为本书拨冗题跋写序。这里还要特别感谢广东省文物考古研究院院长曹劲女士，在肇庆堂申报文保的资料准备中以及本书的写作上给予的专业指导，并为本书作序。感谢广东省文物保护基金会理事长、研究馆员崔俊女士对本书提出的宝贵意见。

感谢华南理工大学建筑学院参与肇庆堂实测、调研的各届研究生们在田间、屋顶的艰辛付出。正是这些师长、同学、校友、朋友的理解和支持，构成了我们坚持十几年完成这部作品的重要力量。这里要特别感谢赵哲、胡枢华、夏蕾三位研究生在书稿成稿过程中对背景资料的调研、图片和访谈的汇总及保护发展章节整理的辛勤付出，他们的工作是本书不可或缺的组成部分。

同时，我也要向所有参与肇庆堂历次实地测绘，以及本书资料收集、图片拍摄、文字校对等工作的人员表达诚挚的感谢。他们的辛勤工作与细致入微，确保了本书的每一个细节都尽可能完美。没有他们的默默付出，就没有这本承载着深厚文化底蕴的著作的问世。

当然，我也不能忘记出版社的编辑团队。他们的专业素养、严谨态度以及对作品质量的严格要求，让我深刻体会到了出版行业的责任与使命。正是他们的精心打磨与策划，使得本书得以以最佳的面貌呈现给读者。

最后，我要向每一位翻阅本书的读者致以最真挚的谢意。是你们的关注与支持，赋予了这本书生命与意义。希望通过这本书，你们能够感受到中西合璧客家民居的独特魅力，以及其中蕴含的深厚文化内涵。

在此，我再次向所有为本书付出过努力与心血的人们表示最深的敬意与感激。愿这本《客家民居瑰宝——中西合璧的大埔肇庆堂》能够成为连接过去与未来、传承与创新的桥梁，让更多人了解并珍视我们的文化遗产。

著 者

2025 年 5 月